普通高等教育"十三五"系列教材

理论力学习题册

主　编　佘　斌
副主编　郭　磊　刘根林　蔡中兵
参　编　严育兵　王路珍
　　　　孔海陵　顾国庆

机械工业出版社

本书是为适应应用型本科理论力学课程的教学需要而编写的。本书针对应用型本科院校学生学习的特点，结合机械工业出版社出版的、由朱炳麒主编的《理论力学》（第2版）的教材内容，按照"注重基础，强调应用"的原则进行设计和编写，适用于应用型本科机械类和土木类各专业中等学时的理论力学课程的教学。

本书由静力学基本概念和物体的受力分析、平面力系、空间力系、点的运动学、刚体的基本运动、点的合成运动、刚体的平面运动、质点动力学、动量定理、动量矩定理、动能定理、达朗伯原理、虚位移原理等13章组成。

本书分章安排内容，各章由习题和复习题两部分组成。习题设计成活页，以方便学生完成作业；复习题设计成填空题，以方便学生复习。书后附有习题和复习题的参考答案。

图书在版编目（CIP）数据

理论力学习题册/佘斌主编. —北京：机械工业出版社，2016.8
（2024.6 重印）

普通高等教育"十三五"系列教材

ISBN 978-7-111-54151-6

Ⅰ.①理… Ⅱ.①佘… Ⅲ.①理论力学-高等学校-习题集 Ⅳ.①O31-44

中国版本图书馆 CIP 数据核字（2016）第 149265 号

机械工业出版社（北京市百万庄大街22号 邮政编码100037）
策划编辑：李永联 责任编辑：李永联 任正一
责任校对：刘志文 封面设计：马精明
责任印制：郜 敏
中煤（北京）印务有限公司印刷
2024年6月第1版第7次印刷
184mm×260mm · 20.5 印张 · 528 千字
标准书号：ISBN 978-7-111-54151-6
定价：39.00 元

电话服务	网络服务
客服电话：010-88361066	机 工 官 网：www.cmpbook.com
010-88379833	机 工 官 博：weibo.com/cmp1952
010-68326294	金 书 网：www.golden-book.com
封底无防伪标均为盗版	机工教育服务网：www.cmpedu.com

前　言

　　本书是为适应应用型本科理论力学课程的教学需要而编写的。本书针对应用型本科院校学生学习的特点，结合由朱炳麒主编的《理论力学》（第 2 版）（机械工业出版社 2014 年 8 月出版）的教材内容，按照"注重基础，强调应用"的原则进行设计和编写，适用于应用型本科机械类和土木类各专业中等学时的理论力学课程的教学。

　　本书由静力学基本概念和物体的受力分析、平面力系、空间力系、点的运动学、刚体的基本运动、点的合成运动、刚体的平面运动、质点动力学、动量定理、动量矩定理、动能定理、达朗伯原理和虚位移原理等 13 章组成。

　　本书分章安排内容，各章由习题和复习题两部分组成。习题全部来自朱炳麒主编的《理论力学》（第 2 版）基本部分各章后的习题，习题设计成活页，以方便学生完成作业；复习题设计成填空题，以方便学生复习。书后附有习题和复习题的参考答案。

　　本书的编写和出版得到了李永联老师的帮助，机械工业出版社给予了大力的协助，在此表示诚挚的谢意。在编写过程中，编者查阅和参考了一些文献，在此谨向这些文献的作者表示衷心的感谢。

　　由于编者水平的限制，书中难免有错误和不妥之处，欢迎读者批评指正。

编　者

目 录

前 言
第一章 静力学基本概念和物体的受力分析 ·· 1
　　习题 ·· 1
　　复习题 ·· 8

第二章 平面力系 ·· 9
　　习题 ·· 9
　　复习题 ·· 49

第三章 空间力系 ·· 53
　　习题 ·· 53
　　复习题 ·· 78

第四章 点的运动学 ·· 80
　　习题 ·· 80
　　复习题 ·· 94

第五章 刚体的基本运动 ·· 96
　　习题 ·· 96
　　复习题 ·· 111

第六章 点的合成运动 ·· 113
　　习题 ·· 113
　　复习题 ·· 141

第七章 刚体的平面运动 ·· 144
　　习题 ·· 144
　　复习题 ·· 176

第八章 质点动力学 ·· 178
　　习题 ·· 178
　　复习题 ·· 189

第九章　动量定理 ········· 190
  习题 ········· 190
  复习题 ········· 204

第十章　动量矩定理 ········· 206
  习题 ········· 206
  复习题 ········· 230

第十一章　动能定理 ········· 232
  习题 ········· 232
  复习题 ········· 264

第十二章　达朗伯原理 ········· 266
  习题 ········· 266
  复习题 ········· 283

第十三章　虚位移原理 ········· 285
  习题 ········· 285
  复习题 ········· 300

附录 ········· 302
  附录 A　习题参考答案 ········· 302
  附录 B　复习题参考答案 ········· 312

参考文献 ········· 320

第一章 静力学基本概念和物体的受力分析

习 题

专业_____ 班级_____ 学号_____ 姓名_____

习题 1-1 (1) 试画出图 1-1a, b, c, d 中物体 A 或各构件的受力图。所有接触处均为光滑接触。

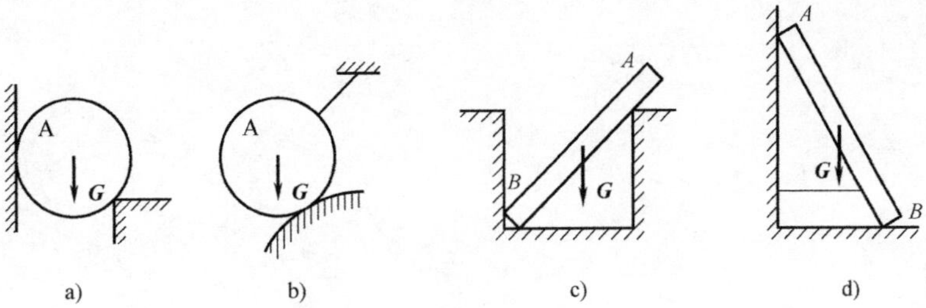

图 1-1

| 专业 _____ 班级 _____ 学号 _____ 姓名 _____ |

习题 1-1（2） 试画出图 1-1e，f，g 中各构件的受力图。未画重力的物体的重量均不计。

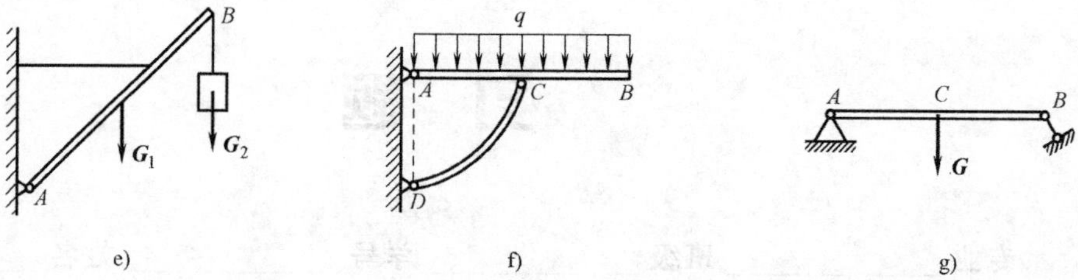

图 1-1

专业＿＿＿＿＿　班级＿＿＿＿＿　学号＿＿＿＿＿　姓名＿＿＿＿＿

习题 1-1（3） 试画出图 1-1h，i 中各构件的受力图。未画重力的物体的重量均不计。

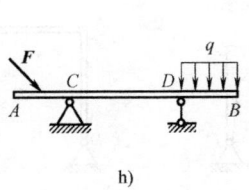
h)

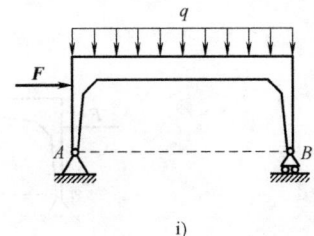
i)

图 1-1

习题 1-1 (4) 试画出图 1-1j，k，l 中各构件的受力图。未画重力的物体的重量均不计。

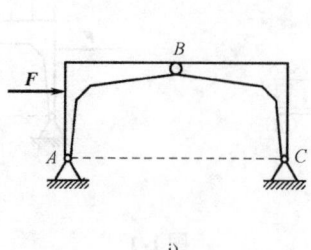 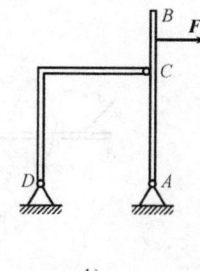 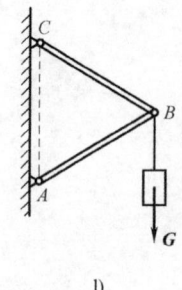

j)　　　　　　　　　　k)　　　　　　　　　　l)

图 1-1

专业 _____ 班级 _____ 学号 _____ 姓名 _____

习题 1-2 (1) 试画出图 1-2a, b, c 中各物体及整体的受力图。未画重力的物体的重量均不计。

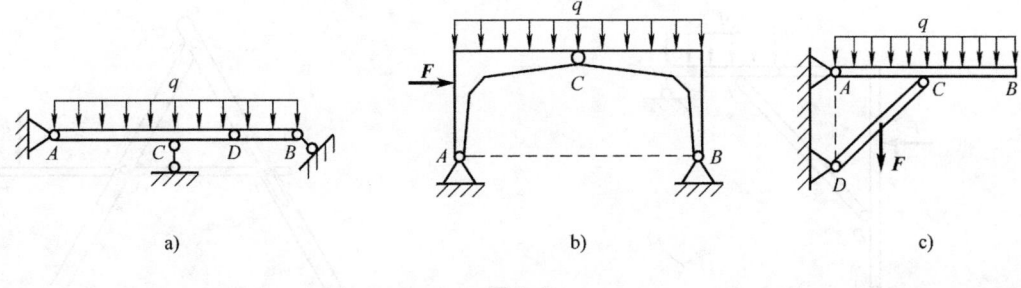

图 1-2

习题 1-2 (2) 试画出图 1-2d，e 中各物体及整体的受力图。未画重力的物体的重量均不计。

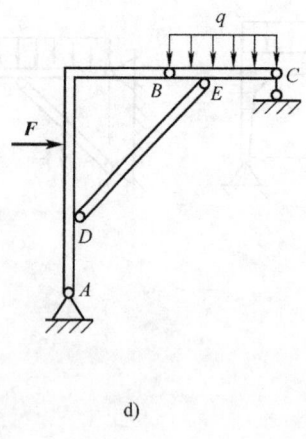

d)

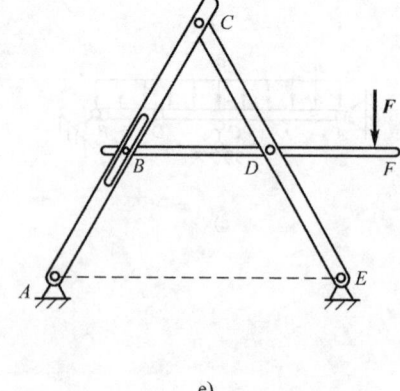

e)

图 1-2

专业 _____ 班级 _____ 学号 _____ 姓名 _____

习题 1-2（3） 试画出图 1-2f，g，h 中各物体及整体的受力图。未画重力的物体的重量均不计。

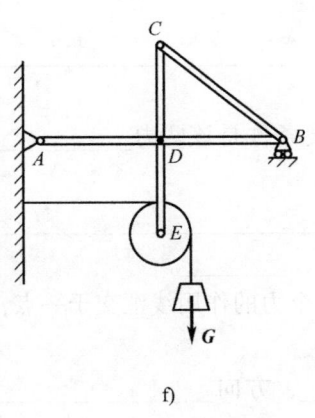
f)

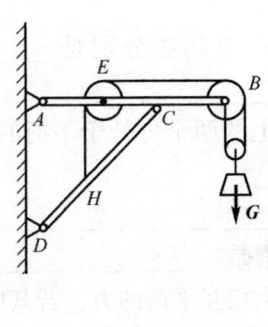
g)

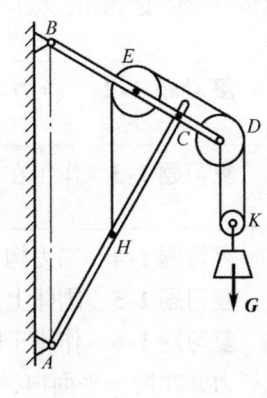
h)

图 1-2

复习题

复习题 1-1 力使物体机械运动状态发生变化的效应称为力的_____；力使物体发生变形的效应称为力的_____。在理论力学中只讨论力的_____。

复习题 1-2 静力学研究的三个问题分别是_____、_____和_____。

复习题 1-3 作用在同一刚体上的两个力处于平衡的充要条件是该两力_____、_____、_____。

复习题 1-4 二力构件是指_____。

复习题 1-5 刚体上力的三要素是：_____、_____、_____。

复习题 1-6 作用于刚体上三个相互平衡的力，若其中两个力的作用线汇交于一点，则此三力必在同一平面内，且第三个力的作用线通过_____。

复习题 1-7 作用力与反作用力大小_____，方向_____，且作用在_____。

复习题 1-8 在力学中，把事先对于物体的运动（位置和速度）所施加的限制条件称为_____。

复习题 1-9 常见的单面约束有_____；双面约束有_____。

复习题 1-10 当受约束的物体在某些主动力作用下处于平衡时，若将其部分或全部的约束除去，代之以相应的约束力，则物体的平衡不受影响。这一原理称为_____。

第二章 平面力系

习 题

专业_____ 班级_____ 学号_____ 姓名_____

习题 2-1 试计算图 2-1 中力 F 对点 O 之矩。

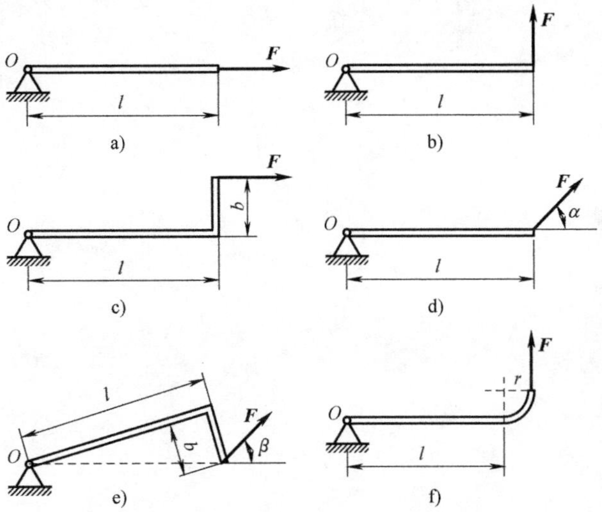

图 2-1

习题 2-2 一大小为 50N 的力作用在圆盘边缘的 C 点上，如图 2-2 所示。试分别计算此力对 O，A，B 三点之矩。

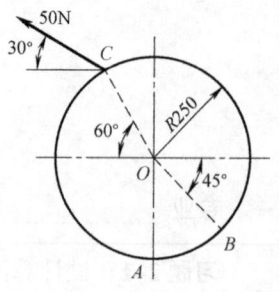

图 2-2

习题 2-3 一大小为 80N 的力作用于扳手柄端,如图 2-3 所示。(1) 当 $\theta = 75°$ 时,求此力对螺钉中心之矩;(2) 当 θ 为何值时,该力矩为最小值?(3) 当 θ 为何值时,该力矩为最大值?

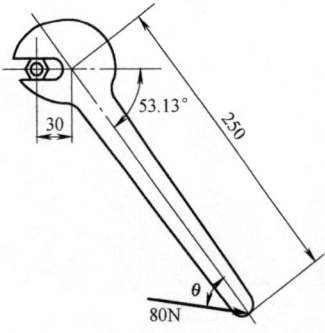

图 2-3

习题 2-4 如图 2-4 所示，已知 $F_1 = 150\text{N}$，$F_2 = 200\text{N}$，$F_3 = 300\text{N}$，$F = F' = 200\text{N}$，图中尺寸的单位为 mm。试求力系向 O 点的简化结果，并求力系合力的大小及其与原点 O 的距离 d。

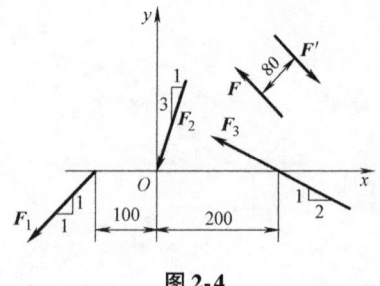

图 2-4

习题 2-5 平面力系中各力大小分别为 $F_1 = 60\sqrt{2}$ kN，$F_2 = F_3 = 60$ kN，作用位置如图 2-5 所示，图中尺寸的单位为 mm。试求力系向 O 点和 O_1 点简化的结果。

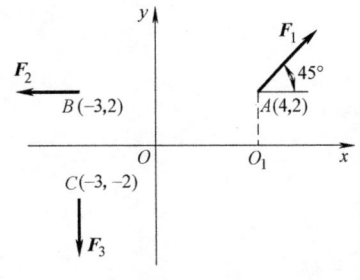

图 2-5

专业 _____ 班级 _____ 学号 _____ 姓名 _____

习题 2-6 电动机重 $G=5$kN，放在水平梁 AC 的中央，如图2-6所示。忽略梁和撑杆的重量，试求铰支座 A 处的约束力和撑杆 BC 所受的压力。

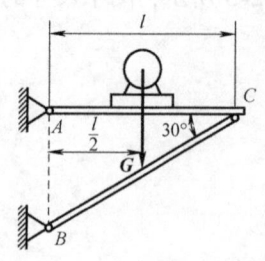

图 2-6

习题 2-7 起重机的铅直支柱 AB 由 A 处的径向轴承和 B 处的推力轴承支持。起重机重 $G = 3.5\text{kN}$，在 C 处吊有重 $G_1 = 10\text{kN}$ 的物体，结构尺寸如图 2-7 所示。试求轴承 A，B 两处的支座约束力。

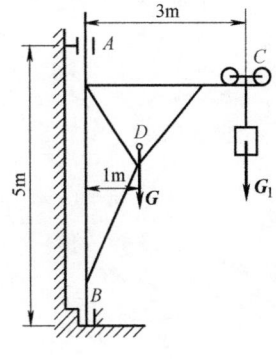

图 2-7

习题 2-8 在图 2-8 所示的刚架中,已知 $F = 10\text{kN}$,$q = 3\text{kN/m}$,$M = 8\text{kN} \cdot \text{m}$,不计刚架自重。试求固定端 A 处的约束力。

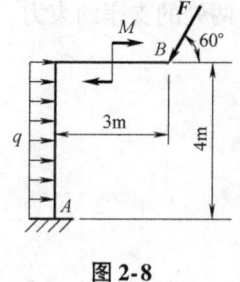

图 2-8

专业 _____ 班级 _____ 学号 _____ 姓名 _____

习题 2-9　如图 2-9 所示，对称屋架 ABC 的 A 处用铰链固定，B 处为可动铰支座。屋架重 100kN，AC 边承受垂直于 AC 的风压，风力平均分布，其合力等于 8kN。试求支座 A，B 处的约束力。

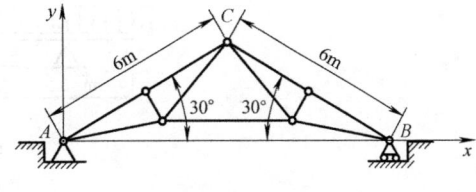

图 2-9

专业 _____ 班级 _____ 学号 _____ 姓名 _____

习题 2-10 外伸梁的支承和载荷如图 2-10 所示。已知 $F = 2$kN,$M = 2.5$kN·m,$q = 1$kN/m。不计梁重,试求梁的支座约束力。

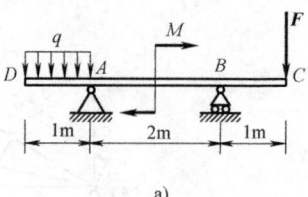 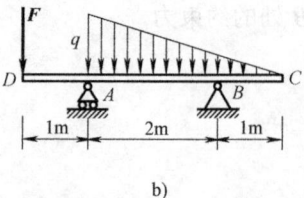

a)　　　　　　　　　　　　　b)

图 2-10

专业＿＿＿＿＿　班级＿＿＿＿＿　学号＿＿＿＿＿　姓名＿＿＿＿＿

习题 2-11　如图 2-11 所示，铁路式起重机重 $G=500\text{kN}$，其重心在离右轨 1.5m 处。起重机的起重量为 $G_1=250\text{kN}$，突臂伸出离右轨 10m。跑车本身重量忽略不计，欲使跑车满载或空载时起重机均不致翻倒，试求平衡锤的最小重量 G_2 以及平衡锤到左轨的最大距离 x。

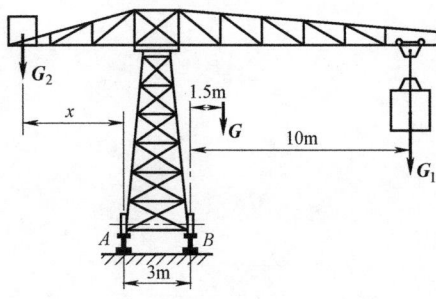

图 2-11

专业 _____ 班级 _____ 学号 _____ 姓名 _____

习题 2-12 汽车起重机如图 2-12 所示，汽车自重 $G_1 = 60\text{kN}$，平衡配重 $G_2 = 30\text{kN}$，各部分尺寸如图所示。试求：（1）当起吊重量 $G_3 = 25\text{kN}$、两轮距离为 4m 时，地面对车轮的约束力；（2）最大起吊重量及两轮间的最小距离。

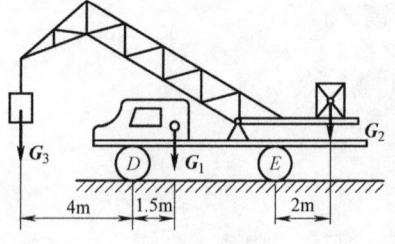

图 2-12

习题 2-13 梁 AB 用三根支杆支承，如图 2-13 所示。已知 $F_1 = 30\text{kN}$，$F_2 = 40\text{kN}$，$M = 30\text{kN} \cdot \text{m}$，$q = 20\text{kN/m}$，试求三根支杆的约束力。

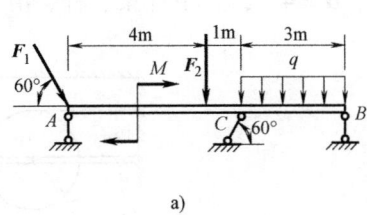
a)

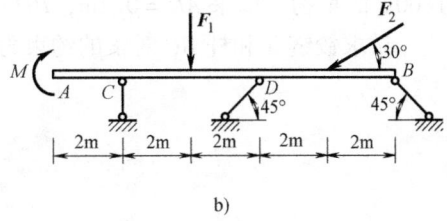
b)

图 2-13

习题 2-14 水平梁 AB 由铰链 A 和杆 BC 支持，如图 2-14 所示。在梁上 D 处用销子安装一半径为 $r=0.1\text{m}$ 的滑轮。跨过滑轮的绳子一端水平地系于墙上，另一端悬挂重 $G=1800\text{N}$ 的重物。如果 $AD=0.2\text{m}$，$BD=0.4\text{m}$，$\alpha=45°$，且不计梁、杆、滑轮和绳子的重量，试求铰链 A 和杆 BC 对梁的约束力。

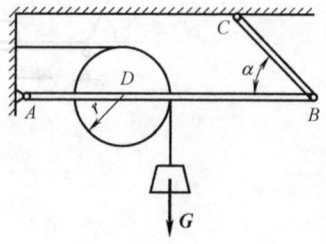

图 2-14

专业 _____ 班级 _____ 学号 _____ 姓名 _____

习题 2-15 组合梁由 AC 和 DC 两段铰接构成,起重机放在梁上,如图 2-15 所示。已知起重机重 $G_1 = 50\text{kN}$,重心在铅直线 EC 上,起重载荷 $G_2 = 10\text{kN}$。不计梁重,试求支座 A,B 和 D 三处的约束力。

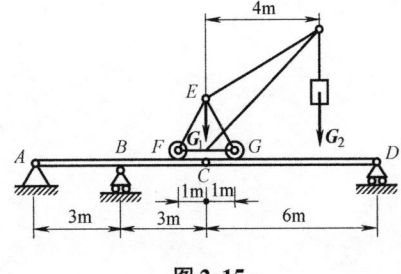

图 2-15

习题 2-16 组合梁如图 2-16 所示,已知集中力 F、分布载荷集度 q 和力偶矩 M,试求梁的支座约束力和铰链 C 处所受的力。

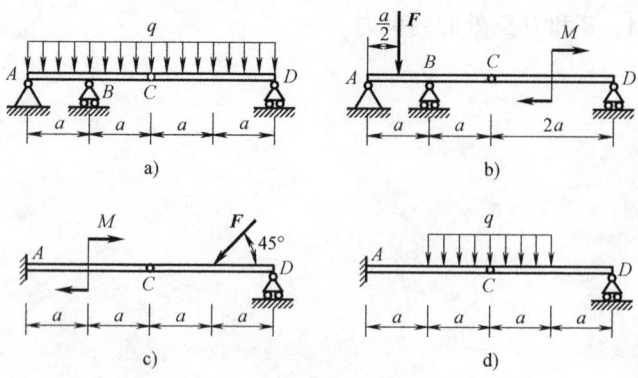

图 2-16

习题 2-17　四连杆机构如图 2-17 所示，今在铰链 A 上作用一力 F_1，铰链 B 上作用一力 F_2，力的方向如图所示。机构在图示位置处于平衡。不计杆重，试求 F_1 与 F_2 的关系。

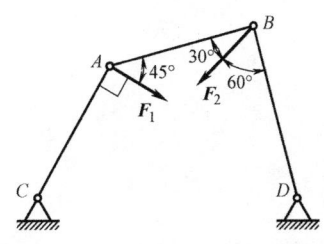

图 2-17

习题 2-18　四连杆机构如图 2-18 所示，已知 $OA = 0.4$m，$O_1B = 0.6$m，$M_1 = 1$N·m，各杆重量不计。机构在图示位置处于平衡，试求力偶矩 M_2 的大小和杆 AB 所受的力。

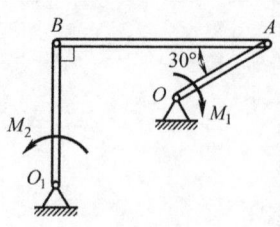

图 2-18

习题 2-19　曲柄滑块机构在图 2-19 所示位置平衡，已知滑块上所受的力 $F = 400\text{N}$，如果不计所有构件的重量，试求作用在曲柄 OA 上的力偶的力偶矩 M。

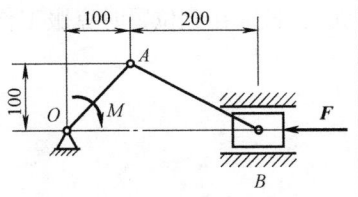

图 2-19

习题 2-20　如图 2-20 所示的颚式破碎机机构，已知工作阻力 $F_R = 3$kN，$OE = 100$mm，$BC = CD = AB = 600$mm，在图示位置时 $\angle BDC = \angle DBC = 30°$，$\angle EOC = \angle ABC = 90°$，试求在此位置时克服工作阻力所需的力偶矩 M。

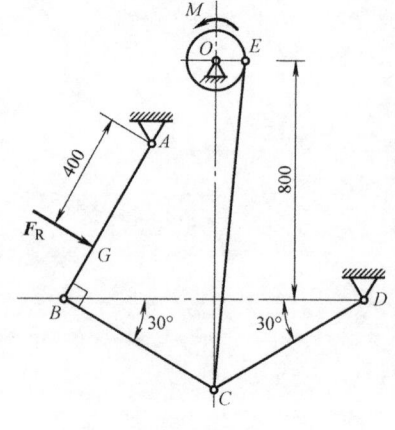

图 2-20

专业 _____ 班级 _____ 学号 _____ 姓名 _____

习题 2-21 三铰拱如图 2-21 所示，跨度 $l=8\text{m}$，$h=4\text{m}$，试求支座 A，B 的约束力。(1) 在图 2-21a 中，拱顶部受均布载荷 $q=20\text{kN/m}$ 作用，拱的自重忽略不计；(2) 在图 2-21b 中，拱顶部受集中力 $F=20\text{kN}$ 作用，拱每一部分的重量 $G=40\text{kN}$。

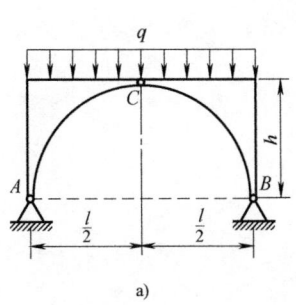 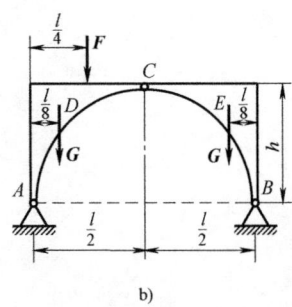

图 2-21

习题 2-22 在图 2-22 所示的构架中，物体重 $G = 1200\text{N}$，由细绳跨过滑轮 E 而水平系于墙上，尺寸如图所示。不计杆和滑轮的重量，试求支座 A，B 两处的约束力和杆 BC 的内力。

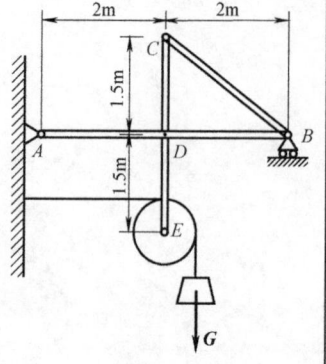

图 2-22

专业 _____ 班级 _____ 学号 _____ 姓名 _____

习题 2-23 如图 2-23 所示的构架,已知 $F=1$kN,不计各杆重量,杆 ABC 与杆 DEF 平行,尺寸如图所示,试求铰支座 A,D 两处的约束力。

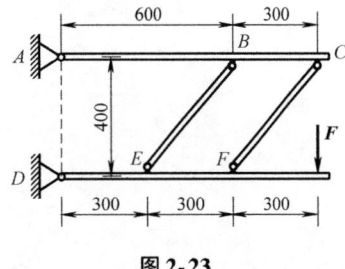

图 2-23

习题 2-24 在图 2-24 所示的构架中，BD 杆上的销钉 B 置于 AC 杆的光滑槽内，力 $F=200\text{N}$，力偶矩 $M=100\text{N}\cdot\text{m}$，不计各构件重量，试求 A，B，C 三处的约束力。

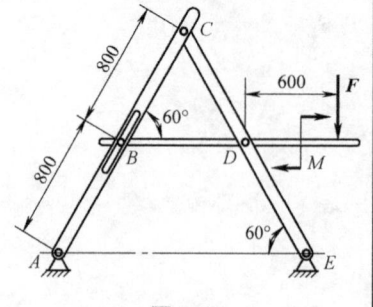

图 2-24

习题 2-25　在图 2-25 所示的构架中，AC，BD 两杆铰接，在 E，D 两处各铰接一半径为 r 的滑轮，连于 H 点的绳索绕过滑轮 E，D，K 后连于 D 点，直径为 r 的动滑轮 K 下悬挂一重为 G 的重物，不计滑轮和杆的重量。试求 A，B 两处的约束力。

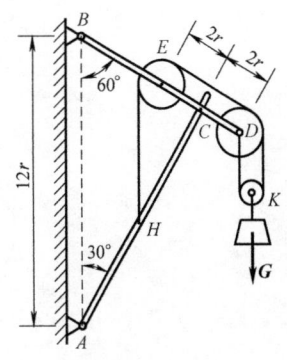

图 2-25

习题 2-26 如图 2-26 所示，构架在 AE 杆的中点作用一大小为 20kN 的水平力，各杆自重不计，试求铰链 E 所受的力。

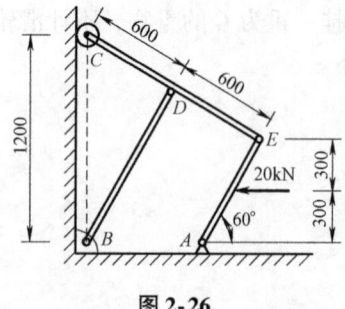

图 2-26

专业 _____ 班级 _____ 学号 _____ 姓名 _____

习题 2-27 如图 2-27 所示的构架，重为 $G=1\text{kN}$ 的重物 B 通过滑轮 A 用绳系于杆 CD 上。忽略各杆及滑轮的重量，试求铰链 E 处的约束力和销子 C 所受的力。

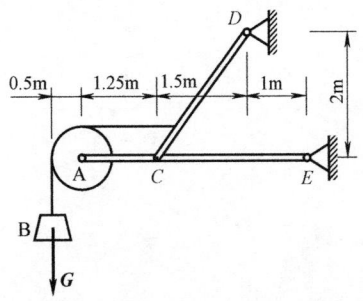

图 2-27

专业＿＿＿＿＿ 班级＿＿＿＿＿ 学号＿＿＿＿＿ 姓名＿＿＿＿＿

习题 2-28 房屋桁架如图 2-28 所示，已知载荷 $F = 10\text{kN}$。试求杆 1、2、3、4、5 和 6 的内力。

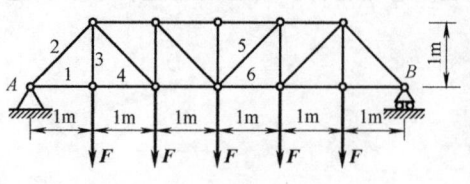

图 2-28

习题 2-29 桁架受力如图 2-29 所示，已知 $F_1 = F_2 = 10\text{kN}$，$F_3 = 20\text{kN}$，试求杆 6、7、8、9 的内力。

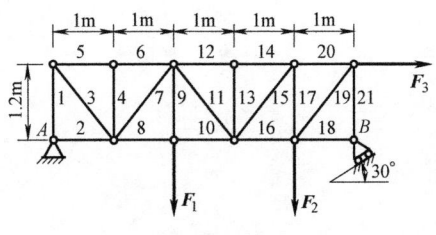

图 2-29

习题 2-30 桁架如图 2-30 所示，已知 $F_1 = 10\text{kN}$，$F_2 = F_3 = 20\text{kN}$，试求杆 4、6、7、10 的内力。

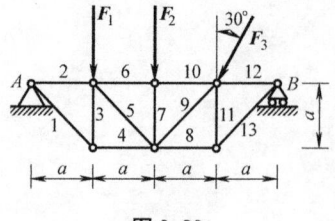

图 2-30

习题 2-31 桁架如图 2-31 所示，已知 $F=20\text{kN}$，$a=3\text{m}$，$b=2\text{m}$，试求杆 1、2、3 的内力。

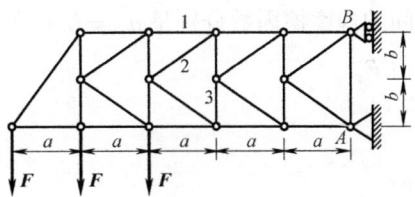

图 2-31

习题 2-32 如图 2-32 所示，水平面上叠放着物块 A 和 B，分别重 $G_A = 100N$ 和 $G_B = 80N$。物块 B 用拉紧的水平绳子系在固定点，如图所示。已知物块 A 和支承面间、两物块间的静摩擦因数分别是 $\mu_{s1} = 0.8$ 和 $\mu_{s2} = 0.6$。试求自左向右推动物块 A 所需的最小水平力 F。

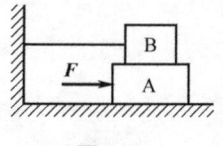

图 2-32

习题 2-33 如图 2-33 所示，重量为 G 的梯子 AB，其一端靠在铅垂的光滑墙壁上，另一端搁置在粗糙的水平地面上，静摩擦因数为 μ_s，欲使梯子不致滑倒，试求倾角 α 的范围。

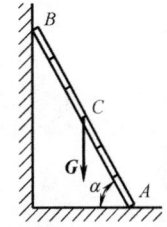

图 2-33

习题 2-34 在某变速机构中，滑移齿轮如图 2-34 所示。已知齿轮孔与轴间的静摩擦因数为 μ_s，齿轮与轴接触面的长度为 b，如果齿轮的重量忽略不计，问拨叉（图中未画出）作用在齿轮上的力 F_1 到轴线间的距离 a 为多大，齿轮才不致被卡住？

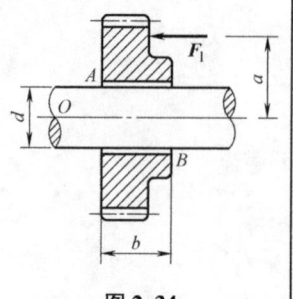

图 2-34

习题 2-35 两根相同的均质杆 AB 和 BC 在 B 端铰接，A 端铰接于墙上，C 端则直接搁置在墙面上，如图 2-35 所示。设两杆的重量均为 G，在图示位置时处于临界平衡状态，试求杆与墙面间的静摩擦因数。

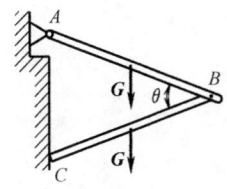

图 2-35

习题 2-36 尖劈起重装置如图 2-36 所示。尖劈 A 的顶角为 α，在物块 A、物块 B 上分别作用力 F_1 和 F_2，已知物块 A 和物块 B 之间的静摩擦因数为 μ_s（有滚珠处摩擦力忽略不计）。不计两物块 A、B 的重量，试求能保持两者平衡的力的大小 F_1 的范围。

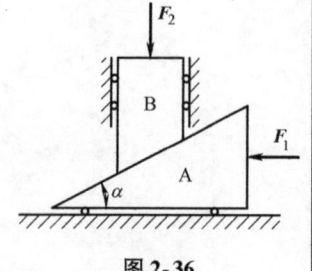

图 2-36

习题 2-37 砖夹的宽度为 250mm，曲杆 *AGB* 与 *GCED* 在 *G* 点铰接，如图 2-37 所示。设砖重 $G = 120$N，提起砖的力 *F* 作用在砖夹的中心线上，砖夹与砖间的静摩擦因数 $\mu_s = 0.5$，试问距离 *b* 为多大才能把砖夹起？

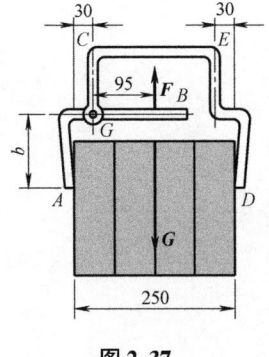

图 2-37

习题 2-38 图 2-38 所示的两物块用连杆撑住，物块 A 重 $G_1 = 500\text{N}$，放在水平面上，水平面和物块间的静摩擦因数为 0.2；物块 B 重 $G_2 = 1000\text{N}$，放在光滑的斜面上，连杆重量忽略不计。若欲使水平面上的物块 A 开始向右运动，试求所需力 F_1 的大小。

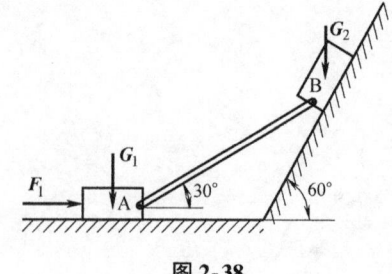

图 2-38

习题 2-39　如图 2-39 所示，圆柱体 A 与方块 B 均重 100N，置于倾角为 30°的斜面上。若所有接触处的静摩擦因数均为 $\mu_s=0.5$，试求保持系统平衡所需的力 $\boldsymbol{F}_1$ 的最小值。

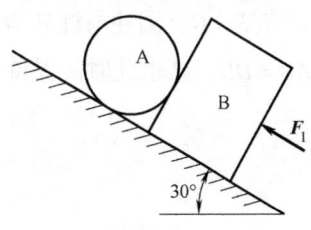

图 2-39

专业 _____ 班级 _____ 学号 _____ 姓名 _____

习题 2-40 如图 2-40 所示，均质圆柱重 G，半径为 r，搁置在不计自重的水平杆和固定斜面之间。杆端 A 为光滑铰链，D 端受一铅垂向上的力 F 作用，圆柱上作用一力偶，已知 $F = G$，圆柱与杆和斜面间的静摩擦因数皆为 $\mu_s = 0.3$，不计滚动摩擦。当 $\alpha = 45°$ 时，$AB = BD$，试求此时能保持系统静止的力偶矩 M 的最小值。

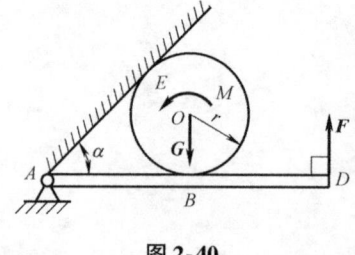

图 2-40

复习题

复习题 2-1　力在正交坐标轴上的投影的大小与力沿这两个轴的分力的大小_____；力在互不垂直的两个轴上的投影的大小与力沿这两个轴的分力的大小_____。

复习题 2-2　如图 2-41 所示，F_1 在 x 轴上和 y 轴上的投影分别为_____、_____，F_2 在 x 轴上和 y 轴上的投影分别为_____、_____。

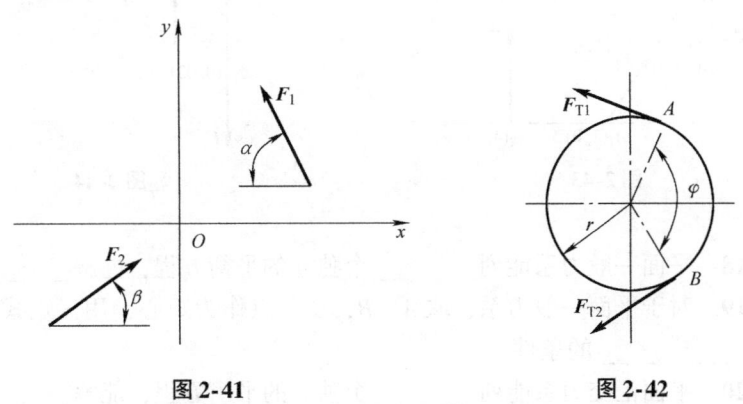

图 2-41　　　　　　　图 2-42

复习题 2-3　如图 2-42 所示，带轮半径为 r，张力分别为 F_{T1} 和 F_{T2}（该两力大小不变），若胶带包角为 φ，则胶带使带轮转动的力矩_____随 φ 角的变化而变化。

复习题 2-4　力偶由_____、_____、_____的两个力组成。

复习题 2-5　平面力偶对物体的作用效应由两个因素决定：_____和_____。

复习题 2-6　平面力偶对任意轴的投影大小_____。

复习题 2-7　平面力偶对作用面内任一点之矩的大小_____。

复习题 2-8　平面力偶系平衡的必要和充分条件是_____。

复习题 2-9　力偶_____与一个力等效，也_____被一个力平衡。

复习题 2-10　同平面内的两个力偶，只要_____相同，对刚体的外效应就相同。

复习题 2-11　作用在刚体上的力可以平移到刚体上任一指定点，但必须在该力与指定点所决定的平面内附加一个力偶，附加的力偶矩等于_____。

复习题 2-12　根据力的平移定理，可以将一个力分解成_____和_____。反之，_____和_____能合成为一个力。

复习题 2-13　平面力系向平面内任意一点 O 简化，一般得到主矢 F'_R 和主矩 M_O。其中，主矢 F'_R = _____，作用在_____；主矩 M_O = _____。

复习题 2-14　主矢与简化中心的位置_____，主矩与简化中心的位置_____。

复习题 2-15　某平面力系向 A，B 两点简化的主矩皆等于零，此力系简化的最后结果是_____。

复习题 2-16　一力系如图 2-43 所示，已知各力的大小为 $F_1 = 100\text{N}$，$F_2 = 120\text{N}$，$F_3 = 80\text{N}$，$F_4 = 150\text{N}$，则此力系的合力大小为_____。

复习题 2-17　一平行力系由三个力组成，它们的大小分别为 $F_1 = 10\text{kN}$，$F_2 = 20\text{kN}$，

$F_3 = 50$kN，作用线如图 2-44 所示，图中坐标的单位为 m，则该力系的合力大小为_____，作用线位置为_____。

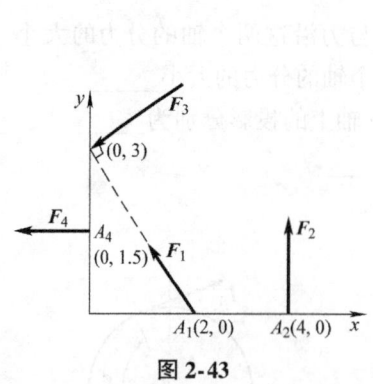

图 2-43

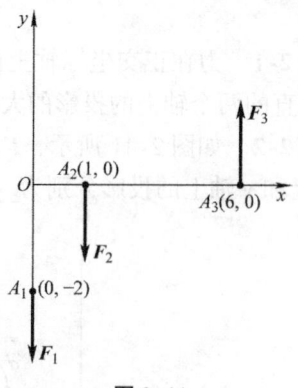

图 2-44

复习题 2-18 平面一般力系能列_____个独立的平衡方程，能解_____个未知量。

复习题 2-19 对于平面一般力系，取 A，B，C 三点作为矩心，用三矩式平衡方程，则必须满足_____的条件。

复习题 2-20 平面汇交力系能列_____个独立的平衡方程，能解_____个未知量。

复习题 2-21 平面力偶系能列_____个独立的平衡方程，能解_____个未知量。

复习题 2-22 平面平行力系能列_____个独立的平衡方程，能解_____个未知量。

复习题 2-23 如图 2-45 所示，刚架用铰支座 B 和链杆支座 A 固定。已知 $F = 2$kN，$q = 500$N/m，则支座 A 的约束力为_____；支座 B 的约束力为_____。

复习题 2-24 如图 2-46 所示，刚架用支座 A，B 固定。已知 $F = 5$kN，$q = 1$kN/m，则支座 A 的约束力为_____，支座 B 的约束力为_____。

复习题 2-25 如图 2-47 所示，刚架的支座约束力为_____。

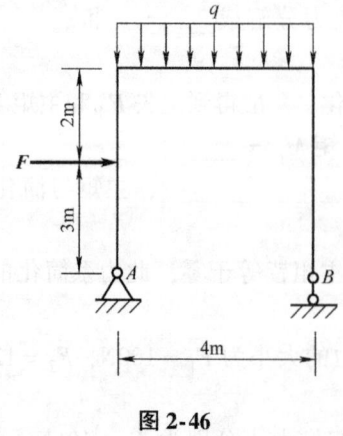

图 2-46

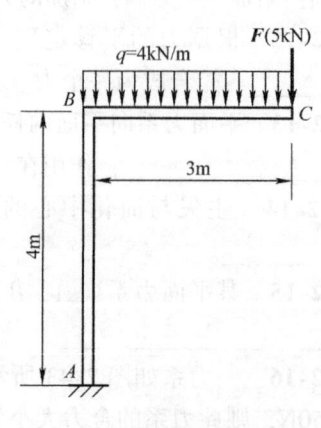

图 2-47

复习题 2-26 静不定问题产生的原因主要是_____。

复习题 2-27 在对静定物体系平衡问题进行计算时，如对各不同分离体列平衡方程，似乎方程的数目多于未知量的数目，这一现象的原因是_____。

复习题 2-28 在图 2-48 所示结构中，静定结构是_____，静不定结构是_____。

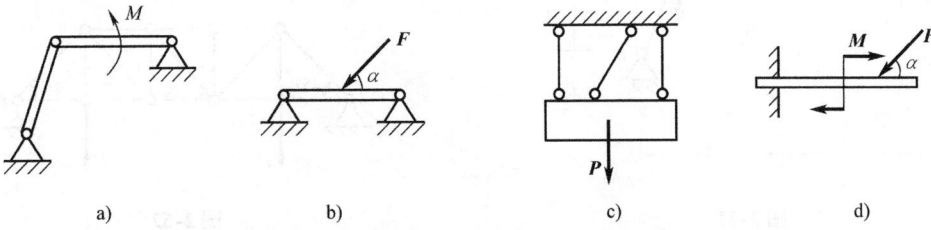

图 2-48

复习题 2-29 如图 2-49 所示，已知 $q = 20\text{kN/m}$，$M = 40\text{kN}\cdot\text{m}$，梁自重不计，则支座 A，B，D 的约束力分别为_____、_____、_____，铰链 C 处约束力为_____。

复习题 2-30 如图 2-50 所示，刚架所受均布载荷 $q = 15\text{kN/m}$ 及力 $F = 60\text{kN}$ 作用，则支座 A 的约束力为_____，支座 B 的约束力为_____。

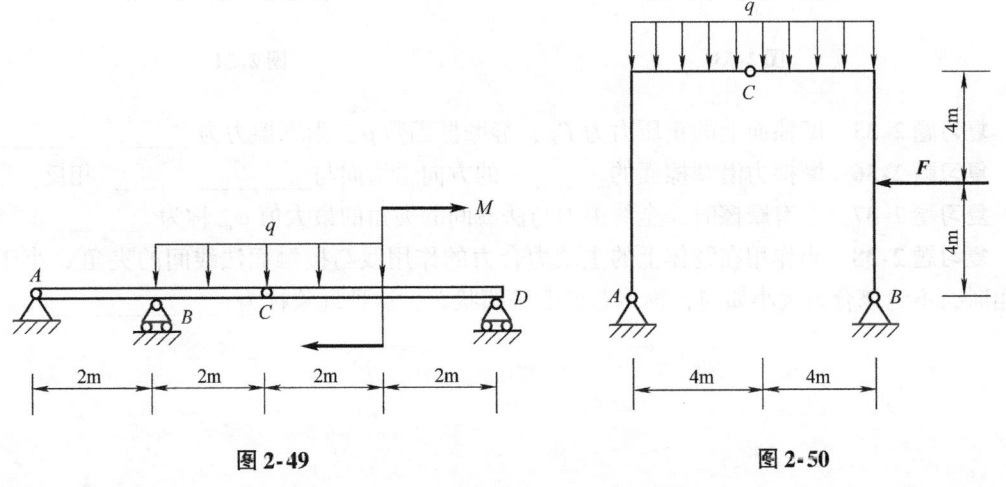

图 2-49   图 2-50

复习题 2-31 三铰拱桥如图 2-51 所示。已知 $W = 300\text{kN}$，$l = 32\text{m}$，$h = 10\text{m}$，则支座 A 的约束力为_____，支座 B 的约束力为_____。

复习题 2-32 如图 2-52 所示桁架，已知 $F = 15\text{kN}$，则 1、2、3 杆的内力分别为_____、_____、_____。

复习题 2-33 在图 2-53 所示桁架中，已知 F，a，则杆 1 内力大小为_____；杆 2 内力大小为_____；杆 3 内力的大小为_____。

复习题 2-34 在图 2-54 所示桁架中，_____杆的内力为零。

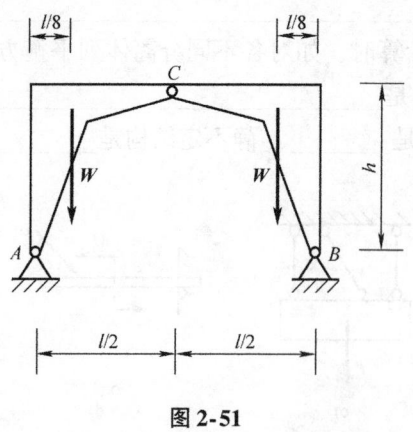

图 2-51

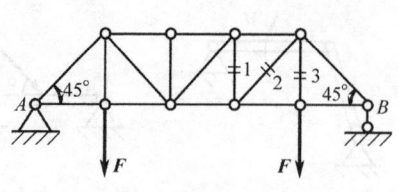

图 2-52

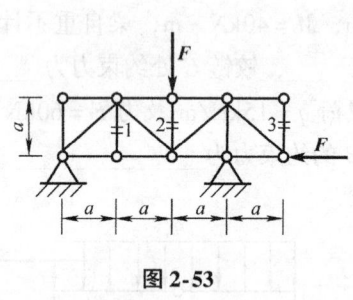

图 2-53

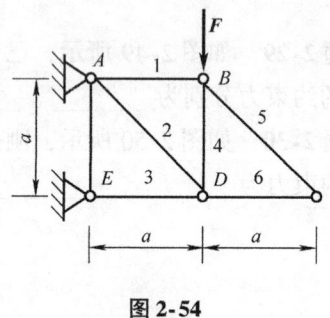

图 2-54

复习题 2-35　摩擦面上的正压力为 F_N，静摩擦因数 μ，则摩擦力为_____。

复习题 2-36　摩擦力沿摩擦面的_____的方向，指向与_____相反。

复习题 2-37　当有摩擦时，全约束力与法线间的夹角的最大值 φ_m 称为_____。

复习题 2-38　当作用在物体上的主动力合力的作用线与接触面法线间的夹角 α 小于摩擦角时，不论该合力大小如何，物体总处于平衡状态，这种现象称为_____。

第三章 空间力系

习 题

专业_____ 班级_____ 学号_____ 姓名_____

习题 3-1 在边长为 a 的正六面体上作用有三个力,如图 3-1 所示,已知 $F_1=6\text{kN}$, $F_2=2\text{kN}$, $F_3=4\text{kN}$,试求各力在三个坐标轴上的投影。

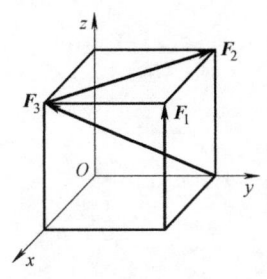

图 3-1

习题 3-2 如图 3-2 所示，已知六面体尺寸为 $400\text{mm} \times 300\text{mm} \times 300\text{mm}$，正面和中间分别有大小为 $F_1 = 100\text{N}$、$F_2 = 200\text{N}$ 的力作用，顶面有力偶 $M = 20\text{N} \cdot \text{m}$ 作用。试求各力及力偶对 z 轴之矩的和。

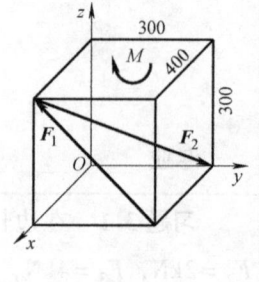

图 3-2

专业 _____ 班级 _____ 学号 _____ 姓名 _____

习题 3-3 如图 3-3 所示，水平轮上 A 点作用一大小为 $F=1\text{kN}$ 的力，方向与轮面成 $\alpha=60°$ 的角，且在过 A 点与轮缘相切的铅垂面内，而 A 点与轮心 O' 的连线与通过 O' 点平行于 y 轴的直线成 $\beta=45°$ 角，$h=r=1\text{m}$。试求力 F 在三个坐标轴上的投影和对三个坐标轴之矩。

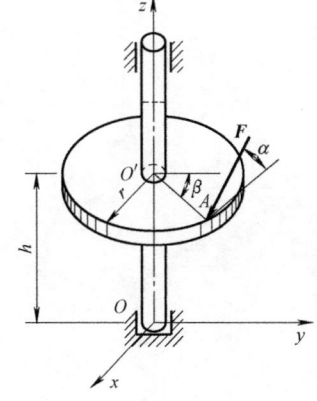

图 3-3

习题 3-4 曲拐手柄如图 3-4 所示，已知作用于手柄上的力的大小 $F = 100\text{N}$，$AB = 100\text{mm}$，$BC = 400\text{mm}$，$CD = 200\text{mm}$，$\alpha = 30°$。试求力 F 对 x，y，z 轴之矩。

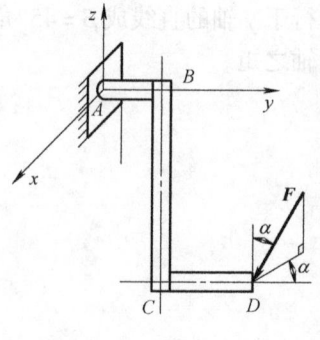

图 3-4

专业_____ 班级_____ 学号_____ 姓名_____

习题 3-5 长方体的顶角 A 和 B 分别作用有力 F_1 和 F_2，如图 3-5 所示，已知 $F_1 = 500\text{N}$，$F_2 = 700\text{N}$。试求该力系向 O 点简化的主矢和主矩。

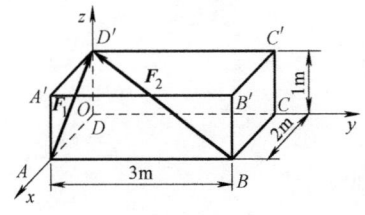

图 3-5

专业 _____ 班级 _____ 学号 _____ 姓名 _____

习题 3-6 有一空间力系作用于边长为 a 的正六面体上,如图 3-6 所示,已知 $F_1 = F_2 = F_3 = F_4 = F$,$F_5 = F_6 = \sqrt{2}F$。试求此力系的简化结果。

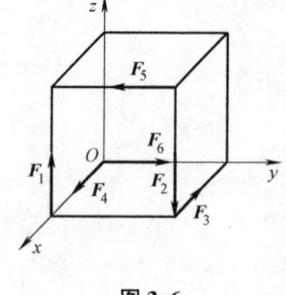

图 3-6

习题 3-7 有一空间力系作用于边长为 a 的正六面体上，如图 3-7 所示，已知各力大小均为 F。试求此力系的简化结果。

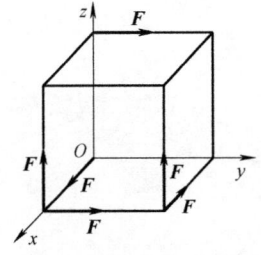

图 3-7

习题 3-8　如图 3-8 所示的悬臂刚架，作用有分别平行于 x，y 轴的力 F_1 与 F_2。已知 $F_1=5\text{kN}$，$F_2=4\text{kN}$，刚架自重不计。试求固定端 O 处的约束力和约束力偶。

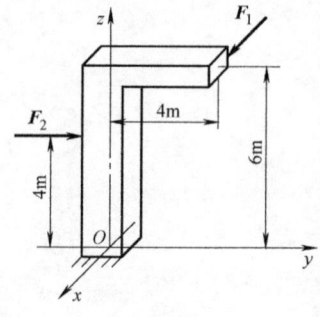

图 3-8

专业 _____ 班级 _____ 学号 _____ 姓名 _____

习题 3-9 墙角处吊挂支架由两端铰接杆 OA，OB 和软绳 OC 构成，两杆分别垂直于墙面且由绳 OC 维持在水平面内，如图 3-9 所示。节点 O 处悬挂重物，重量 G = 500N，若 OA = 300mm，OB = 400mm，OC 绳与水平面的夹角为 30°，不计杆重，试求绳子拉力和两杆所受的压力。

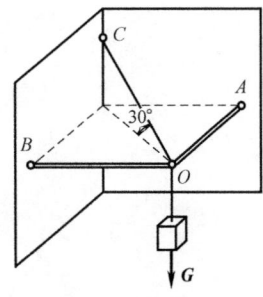

图 3-9

习题 3-10 如图 3-10 所示的空间支架，已知 $\angle CBA = \angle BCA = 60°$，$\angle EAD = 30°$，物体的重量 $G = 3\text{kN}$，平面 ABC 是水平的，A，B，C 各点均为铰接，杆件自重不计。试求撑杆 AB 和 AC 所受的压力 F_{AB} 和 F_{AC} 及绳子 AD 的拉力 F_T。

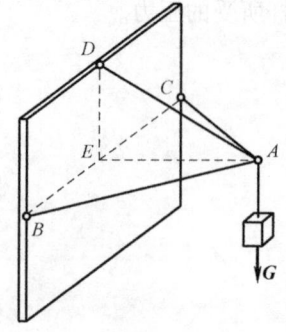

图 3-10

习题 3-11 空间构架由三根直杆铰接而成，如图 3-11 所示。已知 D 端所挂重物的重量 $G=10\text{kN}$，各杆自重不计。试求杆 AD，BD，CD 所受的力。

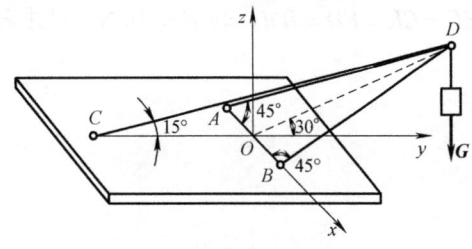

图 3-11

专业_____ 班级_____ 学号_____ 姓名_____

习题 3-12 空间桁架如图 3-12 所示。力 F 作用在 $ABDC$ 平面内,且与铅垂线成 $45°$ 角,$\triangle EAK \cong \triangle FBM$,等腰 $\triangle EAK$、$\triangle FBM$ 和 $\triangle NDB$ 在顶点 A,B 和 D 处均为直角,又 $EC = CK = FD = DM$。若 $F = 10\text{kN}$,试求各杆所受的力。

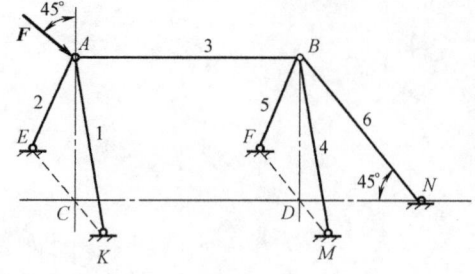

图 3-12

专业 _____ 班级 _____ 学号 _____ 姓名 _____

习题 3-13 三轮车连同上面的货物共重 $G = 3\text{kN}$，重力作用点通过 C 点，尺寸如图 3-13 所示。试求车子静止时各轮对水平地面的压力。

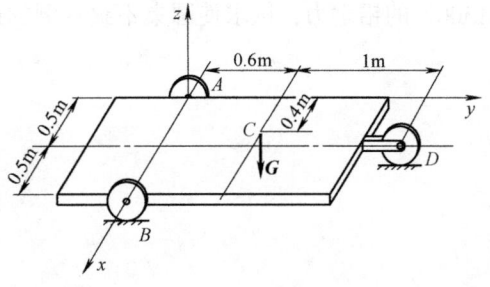

图 3-13

专业_____ 班级_____ 学号_____ 姓名_____

习题 3-14 如图 3-14 所示，三脚圆桌的半径 $r = 500$mm，重 $G = 600$N，圆桌的三脚 A，B 和 C 构成一等边三角形。若在中线 CD 上距圆心为 a 的点 M 处作用一大小为 $F = 1500$N 的铅垂力，试求使圆桌不致翻倒的最大距离 a。

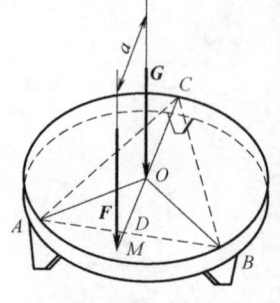

图 3-14

习题3-15 简易起重机如图 3-15 所示，图中尺寸为 $AD = DB = 1\text{m}$，$CD = 1.5\text{m}$，$CM = 1\text{m}$，$ME = 4\text{m}$，$MS = 0.5\text{m}$，机身自重为 $G_1 = 100\text{kN}$，起吊重量 $G_2 = 10\text{kN}$。试求 A，B，C 三轮对地面的压力。

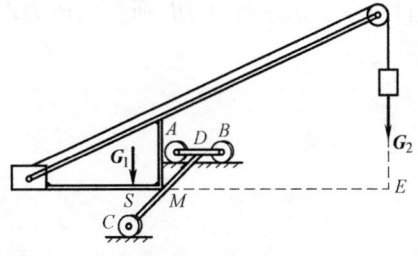

图 3-15

习题 3-16 如图 3-16 所示，矩形搁板 $ABCD$ 可绕轴线 AB 转动，由 DE 杆支撑于水平位置，撑杆 DE 两端均为铰链连接，搁板连同其上重物共重 $G=800\text{N}$，重力作用线通过矩形板的几何中心。已知 $AB=1.5\text{m}$，$AD=0.6\text{m}$，$AK=BM=0.25\text{m}$，$DE=0.75\text{m}$。如果不计杆重，试求撑杆 DE 所受的压力以及铰链 K 和 M 的约束力。

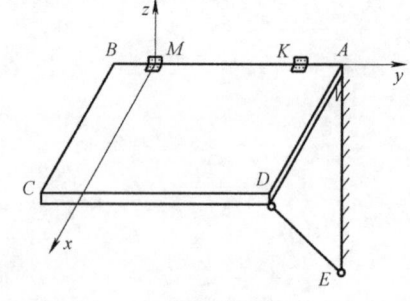

图 3-16

习题 3-17 曲轴如图 3-17 所示，在曲柄 E 处作用一大小为 $F=30\text{kN}$ 的力，曲轴在 B 端作用一力偶 M 而平衡。力 F 在垂直于 AB 轴线的平面内且与铅垂线成夹角 $\alpha=10°$。已知 $CDGH$ 平面与水平面间的夹角 $\varphi=60°$，$AC=CH=HB=400\text{mm}$，$CD=200\text{mm}$，$DE=EG$。不计曲轴自重，试求平衡时力偶矩 M 的值和轴承的约束力。

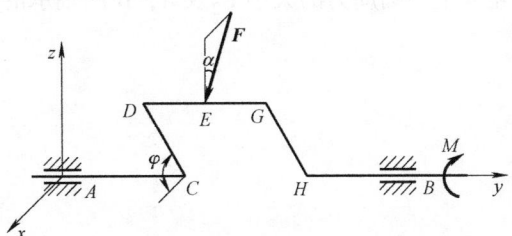

图 3-17

习题3-18 如图 3-18 所示,变速箱中间轴装有两直齿圆柱齿轮,其分度圆半径 $r_1 = 100\text{mm}$,$r_2 = 72\text{mm}$,啮合点分别在两齿轮的最低与最高位置,轮齿压力角 $\alpha = 20°$,在齿轮 I 上的圆周力的大小 $F_1 = 1.58\text{kN}$。不计轴与齿轮自重,试求当轴匀速转动时作用于齿轮 II 上的圆周力的大小 F_2 及 A,B 两轴承的约束力。

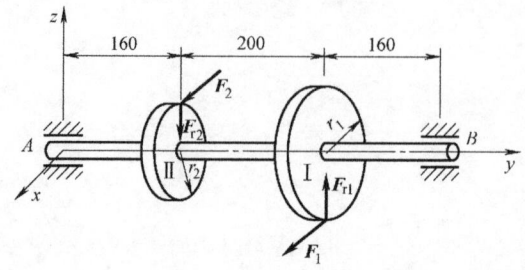

图 3-18

专业 _____ 班级 _____ 学号 _____ 姓名 _____

习题 3-19 某传动轴装有两带轮,其半径分别为 $r_1 = 200\text{mm}$,$r_2 = 250\text{mm}$,如图 3-19 所示。轮 I 的带是水平的,其张力 $F_{T1} = 2F'_{T1} = 5\text{kN}$,轮 II 的带与铅垂线的夹角 $\beta = 30°$,其张力 $F_{T2} = 2F'_{T2}$。不计轴与带轮自重,试求传动轴做匀速转动时的张力大小 F_{T2},F'_{T2} 和轴承的约束力。

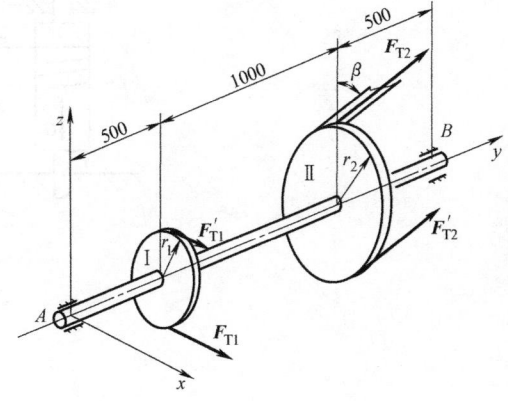

图 3-19

专业_____ 班级_____ 学号_____ 姓名_____

习题3-20 如图3-20所示，货物重为 $G_1=10$kN，用绞车匀速地沿斜面提升，绞车鼓轮重为 $G_2=1$kN，鼓轮直径 $d=240$mm，A 为径向推力轴承，B 为径向轴承，十字杠杆的四臂各长1m，在每臂端点作用一圆周力 F。试求力 F 的大小及 A，B 两轴承的约束力。

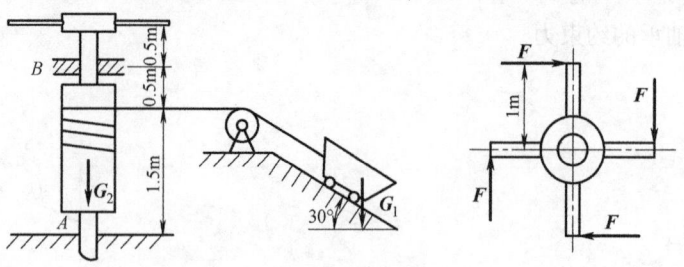

图 3-20

习题 3-21 水平板用六根支杆支撑，如图 3-21 所示，板的一角受铅垂力 F 的作用，不计板和杆的自重，试求各杆所受的力。

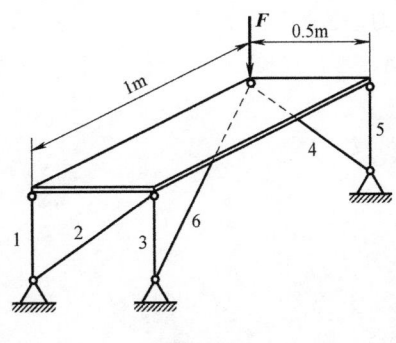

图 3-21

习题 3-22　正三角形板 ABC 用六根杆支撑在水平面内，如图 3-22 所示，其中三根斜杆与水平面成 30°角，板面内作用一力偶矩为 M 的力偶。不计板、杆自重，试求各杆受的力。

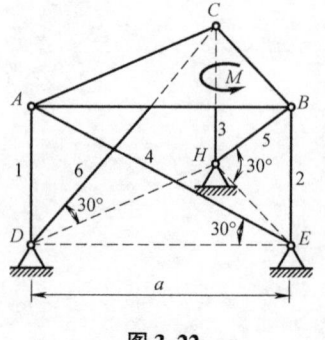

图 3-22

专业 _____ 班级 _____ 学号 _____ 姓名 _____

习题 3-23 试求图 3-23 所示各型材截面形心的位置。

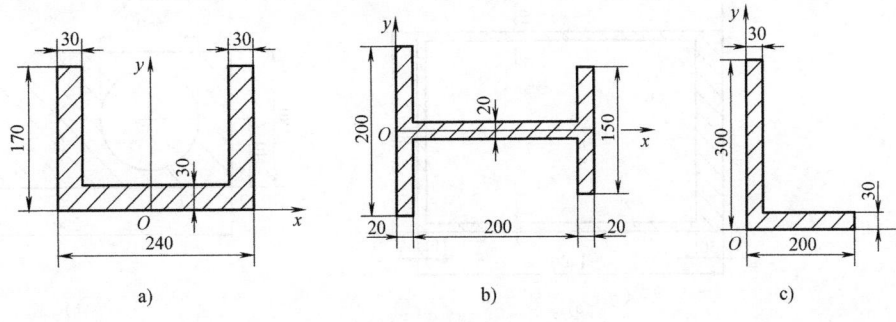

图 3-23

习题 3-24 试求图 3-24 所示各平面图形的形心位置。

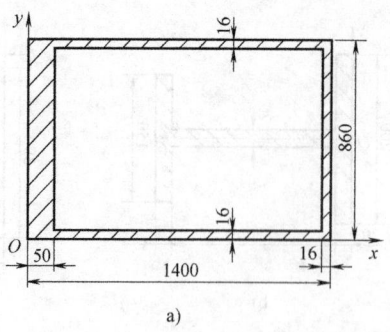
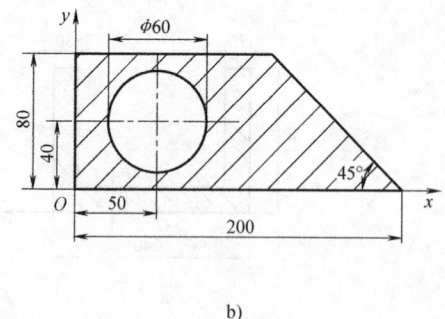

a)　　　　　　　　　　　b)

图 3-24

习题 3-25　如图 3-25 所示,机床重为 25kN,当水平放置（$\theta=0°$）时,秤上的读数为 17.5kN;当 $\theta=20°$ 时,秤上的读数为 15kN。试确定机床重心的位置。

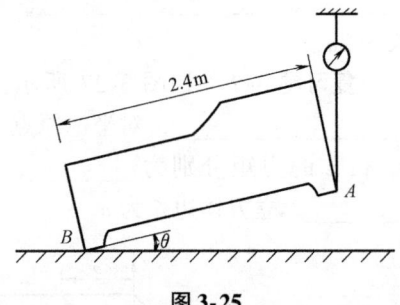

图 3-25

复习题

复习题 3-1 如图 3-26 所示，力 F 在三个坐标轴 x，y，z 上投影的大小分别为 _____、_____、_____。该力 F 的表达式为 _____。立方体的边长为 $2a$。

复习题 3-2 如图 3-27 所示，力 F_1 对三个坐标轴 x，y，z 的力矩分别为 _____、_____、_____，对坐标原点 O 的力矩的大小为 _____。F_2 对三个坐标轴 x，y，z 的力矩分别为 _____、_____、_____，对坐标原点 O 的力矩的大小为 _____。立方体边长为 a。

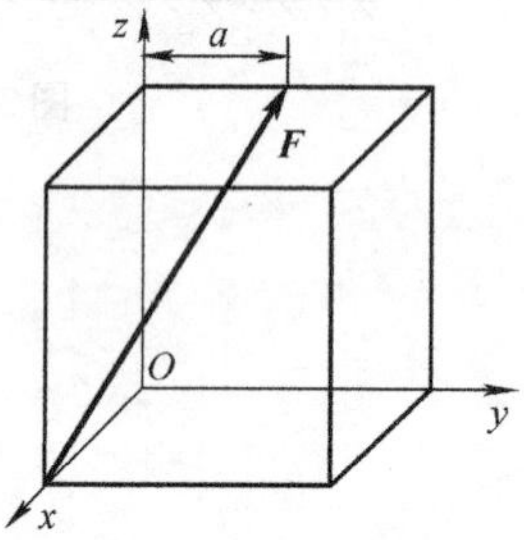

图 3-26 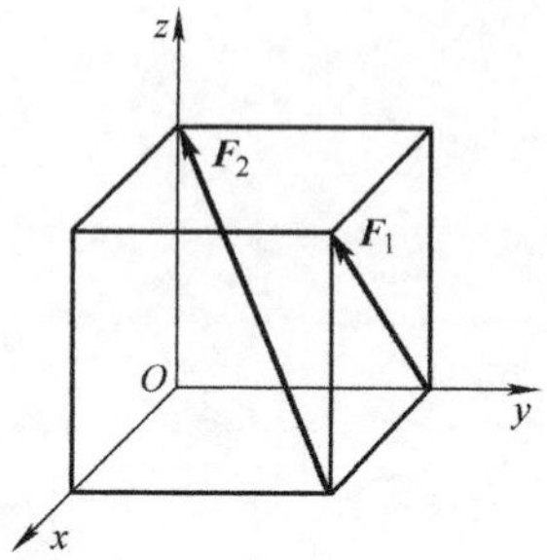   图 3-27

复习题 3-3 在空间问题中，力对点之矩的矢量积表达式为 _____，它是 _____ 矢量。

复习题 3-4 已知力 F 的矢量表示为 $F = (3i - 4j + 5k)$ N，作用点 A 的位置矢径 $r = (2i - 3j - 2k)$ m，其中 i，j，k 为单位矢量，则力 F 对坐标原点 O 之矩为 _____。

复习题 3-5 已知力 F 的矢量表示为 $F = (3i - 4j + 5k)$ N，作用点 A 的位置矢径 $r = (2i - 3j - 2k)$ m，其中 i，j，k 为单位矢量，则力 F 对 x 轴之矩为 _____，对 y 轴之矩为 _____，对 z 轴之矩为 _____。

复习题 3-6 空间力偶对刚体的作用效果取决于下列三要素：_____、_____ 和 _____。

复习题 3-7 力、力矩、力偶矩矢均是矢量，但各有不同：力矢为 _____ 矢量、力矩矢为 _____ 矢量、力偶矩矢为 _____ 矢量。

复习题 3-8 若空间力系有合力，则合力对任一点之矩矢等于 _____；合力对某轴之矩等于 _____。

复习题 3-9 作用在刚体上的一个力可以平移至刚体中任意一指定点，欲不改变该力对刚体的作用效果，必须同时附加一力偶，其力偶矩矢等于 _____。

复习题 3-10 空间力偶等效的条件是 _____。

复习题 3-11 空间汇交力系有 _____ 个独立的平衡方程；空间平行力系有 _____ 个独立的平衡方程；空间力偶系有 _____ 个独立的平衡方程；空间一般力系有 _____ 个独立的平衡方程。

复习题 3-12 图 3-28 所示体系中三根挂杆的内力分别为 _____、_____、_____。

复习题 3-13 角钢截面的尺寸如图 3-29 所示，则其形心的坐标为 $x_C =$ _____，$y_C =$

复习题 3-14 如图 3-30 所示薄板的形心坐标为 _____。

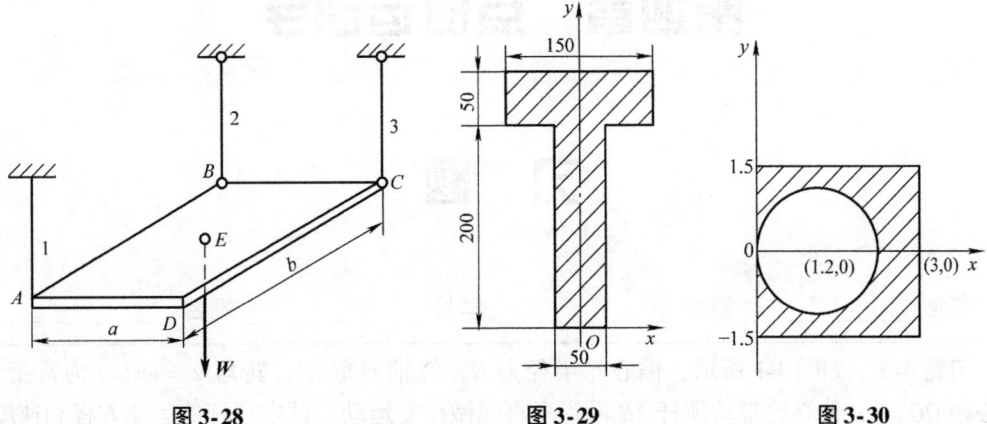

图 3-28　　　　　　　图 3-29　　　　　　　图 3-30

第四章　点的运动学

习　题

专业　　　　　　班级　　　　　　学号　　　　　　姓名　　　　　　

习题 4-1　如图 4-1 所示，偏心轮半径为 R，绕轴 O 转动，转角 $\varphi = \omega t$（ω 为常量），偏心距 $OC = e$，偏心轮带动顶杆 AB 沿铅垂直线做往复运动。试求顶杆的运动方程和速度。

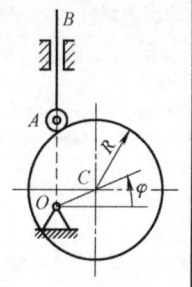

图 4-1

专业 _____ 班级 _____ 学号 _____ 姓名 _____

习题 4-2 梯子的一端 A 放在水平地面上，另一端 B 靠在竖直的墙上，如图 4-2 所示。梯子保持在竖直平面内沿墙滑下。已知点 A 的速度为常值 v_0，M 为梯子上的一点，设 $MA = l$，$MB = h$。试求当梯子与墙的夹角为 θ 时，点 M 的速度和加速度的大小。

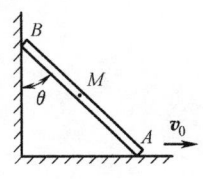

图 4-2

习题4-3 已知杆 OA 与铅直线夹角 $\varphi = \pi t/6$（φ 以 rad 计，t 以 s 计），小环 M 套在杆 OA，CD 上，如图4-3所示。铰链 O 至水平杆 CD 的距离 $h = 400\text{mm}$。试求在 $t = 1\text{s}$ 时，小环 M 的速度和加速度。

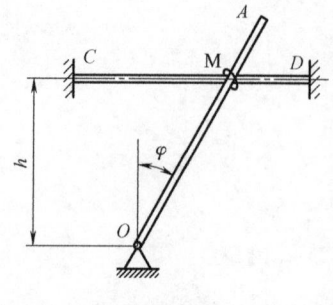

图 4-3

习题 4-4 点 M 以匀速 u 在直管 OA 内运动，直管 OA 又按 $\varphi = \omega t$ 规律绕 O 转动，如图 4-4 所示。当 $t=0$ 时，M 在点 O 处，试求在任一瞬时点 M 的速度和加速度的大小。

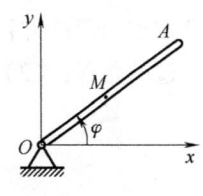

图 4-4

习题 4-5 点沿曲线 AOB 运动，如图 4-5 所示。曲线由 AO，OB 两段圆弧组成，AO 段半径 $R_1 = 18\text{m}$，OB 段半径 $R_2 = 24\text{m}$，取圆弧交接处 O 为原点，规定正方向如图所示。已知点的运动方程 $s = 3 + 4t - t^2$（t 以 s 计，s 以 m 计）。试求：（1）点由 $t=0$ 到 $t=5\text{s}$ 所经过的路程；（2）在 $t=5\text{s}$ 时点的加速度。

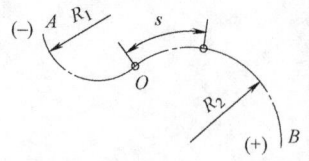

图 4-5

习题 4-6 图 4-6 所示的摇杆滑道机构中的滑块 M 同时在固定的圆弧槽 BC 和摇杆 OA 的滑道中滑动。BC 的半径为 R,摇杆 OA 的轴 O 在弧 BC 的圆周上。摇杆绕轴 O 以等角速度 ω 转动,当运动开始时,摇杆在水平位置。试分别用直角坐标法和自然法给出点 M 的运动方程,并求其速度和加速度。

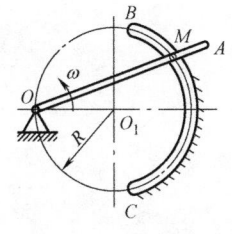

图 4-6

习题 4-7 小环 M 在铅垂面内沿曲杆 ABCE 从点 A 由静止开始运动，如图 4-7 所示。在直线段 AB 上，小环的加速度为 g；在圆弧段 BCE 上，小环的切向加速度 $a_\tau = g\cos\varphi$。曲杆尺寸如图所示，试求小环在 C，D 两处的速度和加速度。

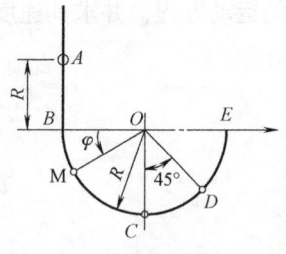

图 4-7

习题 4-8 点 M 沿给定的抛物线 $y=0.2x^2$ 运动（其中 x，y 均以 m 计）。在 $x=5$m 处，$v=4$m/s，$a_\tau=3$m/s^2，试求点在该位置时的加速度。

习题 4-9 点沿空间曲线运动，如图 4-8 所示，在点 M 处其速度为 $v = 4i + 3j$，加速度 a 与速度 v 的夹角 $\beta = 30°$，且 $a = 10 \text{m/s}^2$。试计算轨迹在该点的曲率半径 ρ 和切向加速度 a_τ。

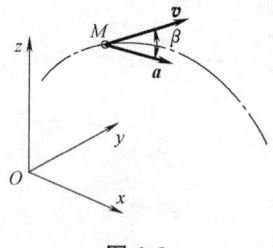

图 4-8

专业 _____　　班级 _____　　学号 _____　　姓名 _____

习题 4-10　点沿螺旋线运动，其运动方程为 $x = R\cos\omega t$，$y = R\sin\omega t$，$z = h\omega t/(2\pi)$，其中，R，h，ω 均为常量。设 $t=0$ 时，$s_0 = 0$，试建立点沿轨迹运动的方程 $s = f(t)$，并求点的速度、加速度的大小和曲率半径。

| 专业 _____ 班级 _____ 学号 _____ 姓名 _____ |

习题 4-11 点在平面上运动，其轨迹的参数方程为 $x = 2\sin(\pi t/3)$，$y = 4 + 4\sin(\pi t/3)$，设 $t = 0$ 时，$s_0 = 0$；s 的正方向相当于 x 增大方向。试求轨迹的直角坐标方程 $y = f(x)$、点沿轨迹运动的方程 $s = s(t)$、点的速度和切向加速度与时间的函数关系。

专业 _____ 班级 _____ 学号 _____ 姓名 _____

习题 4-12 已知动点的运动方程为 $x = t^2 - t$，$y = 2t$。试求其轨迹方程、速度和加速度，并求当 $t = 1\text{s}$ 时，点的切向加速度、法向加速度和曲率半径。x，y 的单位为 m，t 的单位为 s。

习题 4-13　如图 4-9 所示,动点 A 从点 O 开始沿半径为 R 的圆周做匀加速运动,初速度为零。设点的加速度 a 与切线间的夹角为 θ,并以 β 表示点所走过的弧长 s 对应的圆心角。试证:$\tan\theta = 2\beta$。

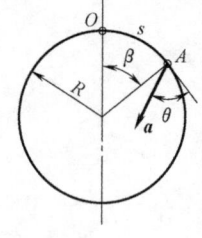

图 4-9

专业 _____ 班级 _____ 学号 _____ 姓名 _____

习题 4-14 已知点做平面曲线运动，其运动方程为 $x = x(t)$，$y = y(t)$。试证在任一瞬时动点的切向加速度、法向加速度及轨迹曲线的曲率半径分别为

$$a_\tau = \frac{\dot{x}\ddot{x} + \dot{y}\ddot{y}}{\sqrt{\dot{x}^2 + \dot{y}^2}} \quad a_n = \frac{|\dot{x}\ddot{y} - \dot{y}\ddot{x}|}{\sqrt{\dot{x}^2 + \dot{y}^2}} \quad \rho = \frac{(\dot{x}^2 + \dot{y}^2)^{\frac{3}{2}}}{|\dot{x}\ddot{y} - \dot{y}\ddot{x}|}$$

复习题

复习题 4-1 运动是_____，但运动的描述是_____。因此，在描述一个点或物体的运动时，必须说明它相对于哪一个物体才有明确的意义，且称此物体为_____，固结其上的坐标系称为_____。

复习题 4-2 若用矢量法，则点做平面曲线运动的运动方程为_____，速度公式为_____，加速度公式为_____。

复习题 4-3 若用直角坐标法，则点做空间曲线运动的运动方程为_____，速度公式为_____，加速度公式为_____。

复习题 4-4 若用自然法，则点做平面曲线运动的运动方程为_____，速度公式为_____，加速度公式为_____。

复习题 4-5 点 M 做直线运动，运动方程 $x = 12t - t^3$，式中 x 和 t 的单位分别为 cm 和 s，则点 M 在 $t = 0$ 到 $t = 3s$ 的时间间隔内走过的路程为_____。

复习题 4-6 点沿 x 轴做直线运动，某瞬时速度 $v_x = 2\text{m/s}$，瞬时加速度 $a_x = -2\text{m/s}^2$，则 1s 后点的速度的大小_____。

复习题 4-7 用矢量表示的动点运动方程为 $\boldsymbol{r} = \boldsymbol{r}(t)$，当时间 t 连续变化时，矢径 $\boldsymbol{r}$ 的_____就是动点的轨迹。当用自然法表示动点的加速度时，加速度等于切向加速度和法向加速度的矢量和，其中切向加速度反映_____，法向加速度反映_____。

复习题 4-8 点沿半径为 $R = 4\text{m}$ 的圆周运动，初瞬时速度 $v_0 = -2\text{m/s}$，切向加速度 $a_\tau = 4\text{m/s}^2$（为常量），则在 $t = 2s$ 时，该点的速度大小为_____，全加速度的大小为_____。

复习题 4-9 已知点沿其轨迹的运动方程为 $s = b + ct$，式中 b，c 均为常数，则点必做_____运动。

复习题 4-10 点 M 沿半径为 R 的圆周运动，其速度为 $v = kt$，k 是有量纲的常数，则点 M 的全加速度为_____。

复习题 4-11 质点的运动方程为 $\boldsymbol{r} = [t\boldsymbol{i} + (8-t)\boldsymbol{j}](\text{m})$，当质点的位矢与速度垂直时，质点的位矢 $\boldsymbol{r} =$ _____。

复习题 4-12 质点在 x 轴上运动，运动方程为 $x = (2t^3 - 4t^2)(\text{m})$，则质点返回原点时的速度为_____。

复习题 4-13 当质点在固定圆环上做圆周运动时，如果法向加速度的大小越变越小，则其速度_____。

复习题 4-14 若点的速度不为零，当 $a_\tau \equiv 0$，$a_n \neq 0$ 时，点做_____运动。

复习题 4-15 质点沿如图 4-10 所示的曲线 s 运动，质点在点 P 的速度为 $\boldsymbol{v}$，加速度为 $\boldsymbol{a}$，则此时切向加速度和该处轨迹的曲率半径 ρ 分别为_____。

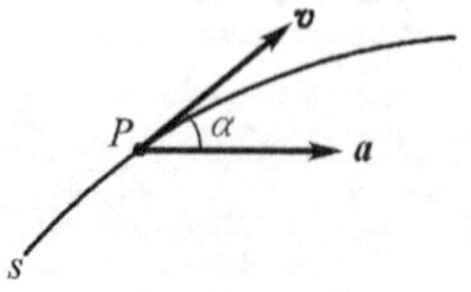

图 4-10

复习题 4-16 动点由静止开始做平面曲线运动，设每一瞬时的切向加速度 $a_\tau = 2t(\text{m/s}^2)$，法向加速度 $a_n = \dfrac{t^4}{3}(\text{m/s}^2)$，则该点的运动轨迹为_____。

复习题 4-17 质点在 Oxy 平面内运动，其运动方程为 $\boldsymbol{r}(t) = [(2t^2 - 1)\boldsymbol{i} + (3t - 5)\boldsymbol{j}](\text{m})$，

则在任意时刻 t：（1）质点运动速度矢量表达式为_____，加速度的矢量表达式为_____；（2）质点运动的速度的大小为_____，切向加速度的大小为_____，法向加速度的大小为_____；（3）质点所在处轨道的曲率半径为_____。

复习题 4-18 一动点做平面曲线运动，若其速度大小不变，则其速度矢量必与加速度矢量_____。

第五章 刚体的基本运动

习 题

专业 _____ 班级 _____ 学号 _____ 姓名 _____

习题 5-1 杆 O_1A 与 O_2B 长度相等且相互平行,在其上铰接一三角形板 ABC,尺寸如图 5-1 所示。在图示瞬时,曲柄 O_1A 的角速度为 $\omega = 5\text{rad/s}$,角加速度为 $\alpha = 2\text{rad/s}^2$,试求三角板上点 C 和点 D 在该瞬时的速度和加速度。

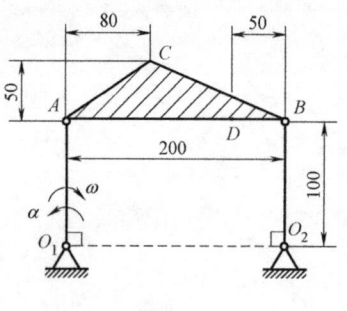

图 5-1

习题 5-2 在如图 5-2 所示的曲柄滑杆机构中，滑杆 BC 上有一圆弧形轨道，其半径 $R=100\text{mm}$，圆心 O_1 在滑杆 BC 上。曲柄长 $OA=100\text{mm}$，以等角速度 $\omega=4\text{rad/s}$ 绕 O 轴转动。设 $t=0$ 时，$\varphi=0$，求滑杆 BC 的运动规律以及当曲柄与水平线的夹角 $\varphi=30°$ 时，滑杆 BC 的速度和加速度。

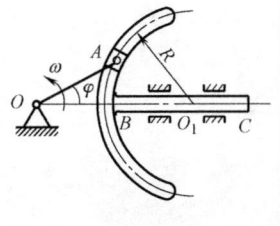

图 5-2

习题 5-3　如图 5-3 所示，机构中齿轮Ⅰ紧固在杆 AC 上，$AB = O_1O_2$，齿轮Ⅰ与半径为 r_2 的齿轮Ⅱ啮合，齿轮Ⅱ可绕 O_2 轴转动且与曲柄 O_2B 没有联系。设 $O_1A = O_2B = l$，$\varphi = b\sin\omega t$，试确定当 $t = \pi/(2\omega)$ 时，轮Ⅱ的角速度和角加速度。

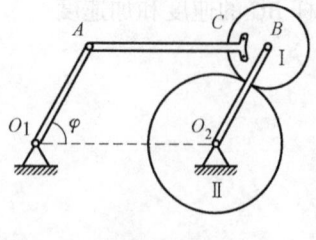

图 5-3

专业 _____ 班级 _____ 学号 _____ 姓名 _____

习题 5-4 一飞轮绕定轴转动，其角加速度为 $\alpha = -b - c\omega^2$，其中 b，c 均是常数。设运动开始时飞轮的角速度为 ω_0，问经过多长时间飞轮停止转动？

专业　　　　　　　　班级　　　　　　　　学号　　　　　　　　姓名　　　　　　　　

习题 5-5　物体绕定轴转动的转动方程为 $\varphi = 4t - 3t^2$。试求物体内与转轴相距 $R = 0.5\mathrm{m}$ 的一点，在 $t=0$ 及 $t=1\mathrm{s}$ 时的速度和加速度的大小，并问物体在什么时刻改变其转向？

专业 _____ 班级 _____ 学号 _____ 姓名 _____

习题 5-6 电动机转子的角加速度与时间 t 成正比,当 $t=0$ 时,初角速度等于零。经过 3s 后,转子转过 6 圈。试写出转子的转动方程,并求 $t=2s$ 时转子的角速度。

习题 5-7 杆 OA 可绕定轴 O 转动。一绳跨过定滑轮 B，其一端系于杆 OA 上 A 点，另一端以匀速 u 向下拉动，如图 5-4 所示。设 $OA = OB = l$，在初始时 $\varphi = 0$，试求杆 OA 的转动方程。

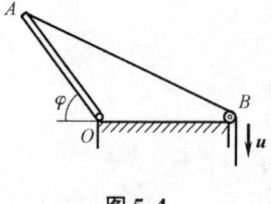

图 5-4

习题 5-8 圆盘绕定轴 O 转动。在某一瞬时，轮缘上点 A 的速度为 $v_A = 0.8$ m/s，转动半径为 $r_A = 0.1$ m；盘上任一点 B 的全加速度 a_B 与其转动半径 OB 成 θ 角，且 $\tan\theta = 0.6$，如图 5-5 所示。试求该瞬时圆盘的角加速度。

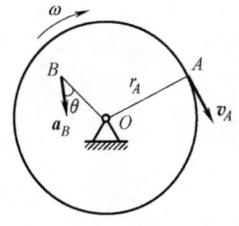

图 5-5

习题 5-9 杆 OA 的长度为 l，可绕轴 O 转动，杆的 A 端靠在物块 B 的侧面上，如图 5-6 所示。若物块 B 以匀速 $\boldsymbol{v}_0$ 向右平动，且 $x = v_0 t$，试求杆 OA 的角速度和角加速度以及杆端 A 点的速度。

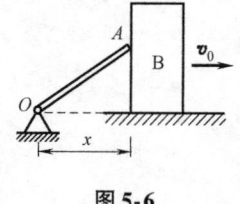

图 5-6

习题 5-10 在图 5-7 所示机构中，杆 AB 以匀速 v 向上滑动，通过滑块 A 带动摇杆 OC 绕 O 轴做定轴转动。开始时 $\varphi=0$，试求当 $\varphi=\pi/4$ 时，摇杆 OC 的角速度和角加速度。

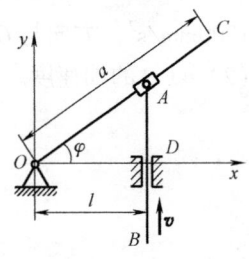

图 5-7

习题 5-11 两轮Ⅰ、Ⅱ铰接于杆 AB 的两端，半径分别为 $r_1 = 150\text{mm}$，$r_2 = 200\text{mm}$，可在半径为 $R = 450\text{mm}$ 的曲面上运动，在图 5-8 所示瞬时，点 A 的加速度大小为 $a_A = 1200\text{mm/s}^2$，方向与 OA 连线成 $60°$ 角。试求该瞬时：（1）AB 杆的角速度和角加速度；（2）点 B 的加速度。

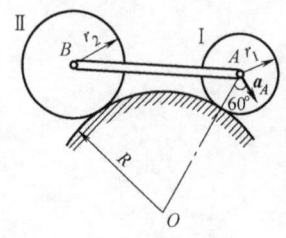

图 5-8

习题 5-12　如图 5-9 所示，电动机轴上的小齿轮 A 驱动连接在提升绞盘上的齿轮 B，物块 M 从静止位置被提升，在以匀加速度升高到 1.2m 时获得速度 0.9m/s。试求当物块经过该位置时：（1）绳子上与鼓轮相接触的一点 C 的加速度；（2）小齿轮 A 的角速度和角加速度。

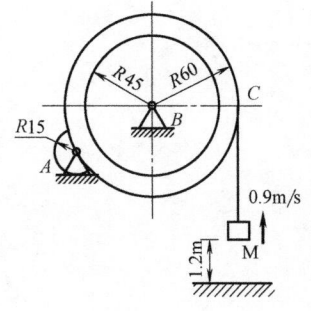

图 5-9

习题 5-13　如图 5-10 所示，电动绞车由带轮 Ⅰ 和 Ⅱ 以及鼓轮 Ⅲ 组成，鼓轮 Ⅲ 和带轮 Ⅱ 刚性地固定在同一轴上。各轮的半径分别为 $r_1 = 0.3\text{m}$，$r_2 = 0.75\text{m}$，$r_3 = 0.4\text{m}$，带轮 Ⅰ 的转速为 $n_1 = 100\text{r/min}$。设带轮与带之间无相对滑动，求重物 M 上升的速度和带各段上点的加速度。

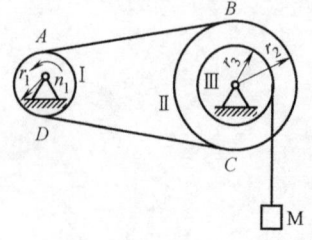

图 5-10

习题 5-14 如图 5-11 所示,摩擦传动机构的主动轴 I 的转速为 $n = 600\text{r/min}$。轴 I 的轮盘与轴 II 的轮盘接触,接触点按箭头 D 所示的方向移动。距离 d 的变化规律为 $d = 100 - 5t$,其中 d 以 mm 计,t 以 s 计。已知 $r = 50\text{mm}$,$R = 150\text{mm}$,求:(1) 以距离 d 表示的轴 II 的角加速度;(2) 当 $d = r$ 时,轮 B 边缘上一点的全加速度。

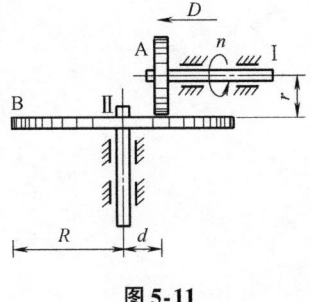

图 5-11

专业 _____　班级 _____　学号 _____　姓名 _____

习题 5-15　如图 5-12 所示，录音机磁带厚为 δ，在图示瞬时两轮半径分别为 r_1 和 r_2，若驱动轮 I 以不变的角速度 ω_1 转动，试求轮 II 在图示瞬时的角速度和角加速度。

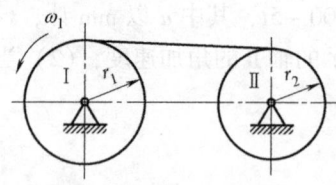

图 5-12

复习题

复习题 5-1　当刚体运动时，若其上任一直线始终保持与它的初始位置平行，则称刚体做_____。

复习题 5-2　当刚体平动时，其上各点的速度_____、加速度_____。

复习题 5-3　如图 5-13 所示，刚性三角形块 ABD 分别在 B，D 两点与杆铰接。已知杆 O_1B 平行且等于 O_2D，又杆 O_1B 的转动规律为 $\varphi = 2(1+t)(\text{rad})$，$O_1B = 20\text{cm}$，$C$ 为三角形块的形心，则 $v_C = $_____，$a_C = $_____。（方向请标在图上）

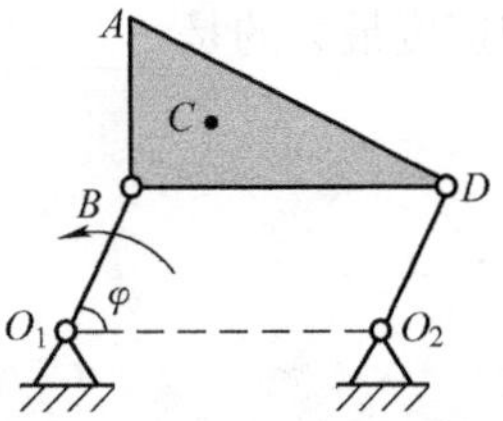

复习题 5-4　刚体绕定轴做匀加速转动，对刚体上不在转轴上的质点来说，其切向加速度的大小_____。（填写"增大""减小"或"不变"）

复习题 5-5　如图 5-14 所示，半径为 R 的飞轮，绕垂直于图面的 O 轴转动。在图示瞬时，轮缘上点 A 加速度的大小和方向均为已知，则此时点 A 的速度的大小为_____。

复习题 5-6　如图 5-15 所示，半径为 r_1 的飞轮绕定轴做匀加速度转动，某时刻角加速度为 α，角速度为 ω，则此时轮缘上点 A 的加速度的大小为_____。

复习题 5-7　如图 5-16 所示，直角刚杆 $AO = 2\text{m}$，$BO = 3\text{m}$，已知某瞬时点 A 的速度 $v_A = 6\text{m/s}$，点 B 的加速度与 BO 成 $\theta = 60°$ 角，则该瞬时刚杆的角速度为_____，角加速度为_____。

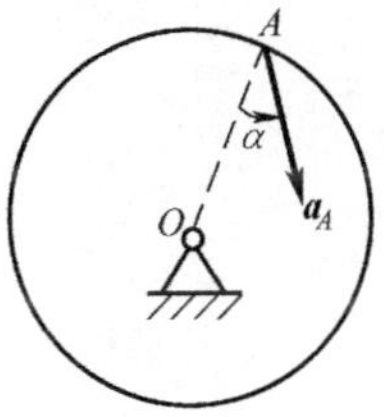

图 5-13

图 5-14 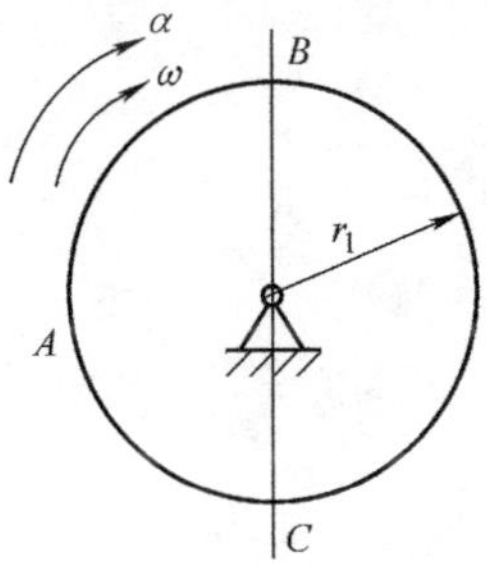　　图 5-15 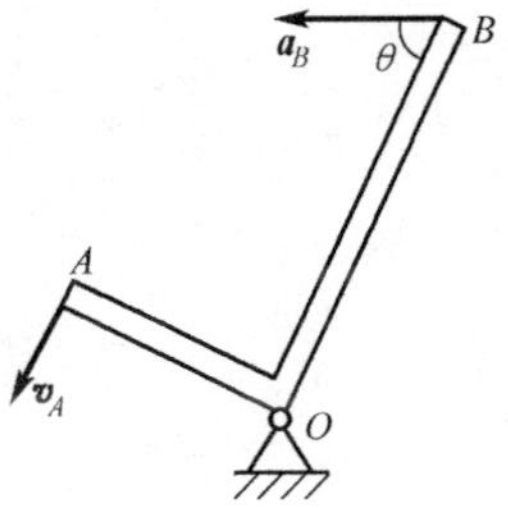　　图 5-16

复习题 5-8　刚体绕定轴转动，其上某点做半径为 R、角加速度为 α 的匀变速圆周运动，设初始时刻的角位置为 θ_0，角速度为 ω_0，任意时刻 t 的角位置为 θ，从开始到时刻 t 的角位移为_____。

复习题 5-9　搅拌机构如图 5-17 所示，已知 $O_1A = O_2B = R$，$O_1O_2 = AB$，杆 O_1A 以匀转速 n 转动，则搅拌杆 ABC 上 C 点的轨迹为_____，C 点的速度为_____，C 点的加速度为_____。

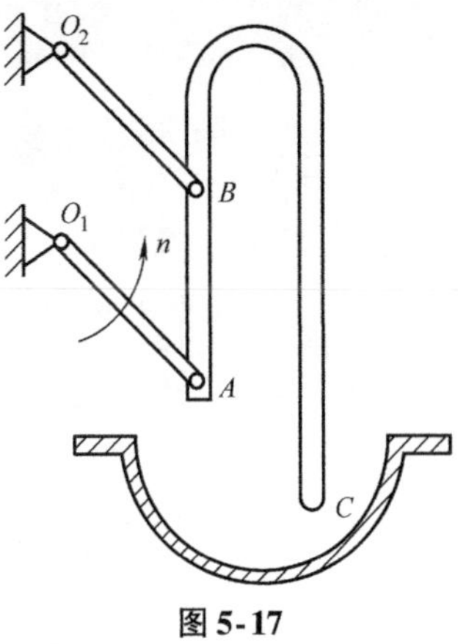

复习题 5-10　汽车发动机的转速在 7s 内由 200r/min 增加到 3000r/min，假定是匀变速转动，则：（1）在这段时间内它的初角速度为_____，末角速度为_____，角加速度为_____；（2）发动机轴上装有一半径为 $r = 0.2\text{m}$ 的飞轮，其边缘上一点在第 7s 末的切向加速度为_____，法向

图 5-17

加速度为_____，全加速度_____。

复习题 5-11 设轮 I 是主动轮，某时刻的角速度为 ω_1，轮 II 是从动轮，若定义主动轮的角速度与从动轮的角速度之比称为传动比，用 i 表示，则从动轮 II 的角速度为_____。

复习题 5-12 在如图 5-18 所示的带轮传动机构中，轮 I 的半径为 r，轮 II 的半径为 $R = 2r$；轮 I 以匀角速度 ω_1 绕 O_1 轴转动，若带与轮间无相对滑动，则带上 A，B，C，D 四点中，加速度最大的是_____点，其加速度大小为_____。

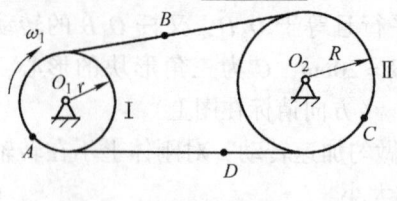

图 5-18

第六章　点的合成运动

习　题

专业＿＿＿＿　班级＿＿＿＿　学号＿＿＿＿　姓名＿＿＿＿

习题 6-1　如图 6-1 所示，光点 M 沿 y 轴做谐振动，其运动方程为 $x=0$，$y=A\cos(\omega t+\theta)$，其中，A，ω，θ 均为常数。如果将点 M 投影到感光记录纸上，此记录纸以匀速 v_e 向左运动，试求点 M 在记录纸上的轨迹。

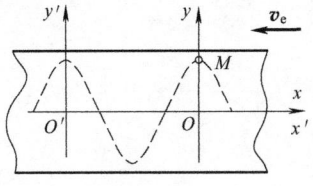

图 6-1

专业 _____ 班级 _____ 学号 _____ 姓名 _____

习题 6-2 当用车刀切削工件的端面时,车刀刀尖 M 的运动方程为 $x = b\sin\omega t$,其中 b,ω 为常数,工件以等角速度 ω 逆时针方向转动,如图 6-2 所示。试求车刀在工件端面上切出的痕迹。

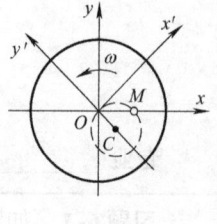

图 6-2

习题 6-3 河的两岸相互平行，如图 6-3 所示。设各处河水流速均匀且不随时间改变。一船由点 A 朝与岸垂直的方向等速驶出，经过 10min 到达对岸，这时船到达点 B 的下游 120m 的点 C 处。为使船能从点 A 垂直到达对岸的点 B，船应逆流并保持与直线 AB 成某一角度的方向航行。在此情况下，船经 12.5min 到达对岸。试求河宽 L、船相对于水的相对速度 v_r 和水的流速 v 的大小。

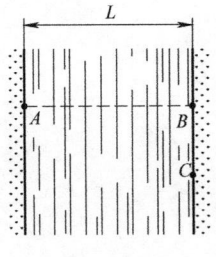

图 6-3

习题 6-4　如图 6-4 所示,半圆板绕其铅垂的直径线 AB 做定轴转动,转动方程为 $\varphi = 4t - 0.2t^2$,点 M 由点 O 自静止开始沿圆周运动,运动规律为 $\overparen{OM} = 100\pi\sin(\pi t/4)$ (弧长的单位为 mm),设半圆板的半径为 $R = 300$ mm,试求 $t = (2/3)$ s 时点 M 的速度。

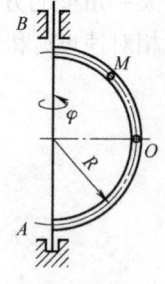

图 6-4

习题 6-5　矿砂从传送带 A 落到另一传送带 B 上，其绝对速度为 $v_1=4\text{m/s}$，方向与铅垂线成 30°角，如图 6-5 所示。设传送带 B 与水平面成 15°角，其速度为 $v_2=2\text{m/s}$。试求此时矿砂相对于传送带的相对速度，并问，当传送带 B 的速度为多大时，矿砂的相对速度才能与它垂直？

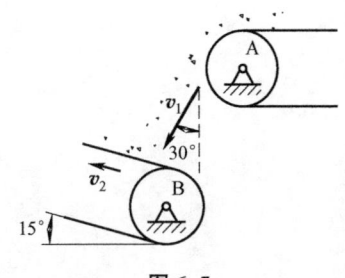

图 6-5

习题 6-6 如图 6-6 所示，瓦特离心调速器以角速度 ω 绕铅垂轴转动。由于机器负荷的变化，调速器重球以角速度 ω_1 向外张开。如果 $\omega = 10\text{rad/s}$，$\omega_1 = 1.2\text{rad/s}$，球柄长 $l = 500\text{mm}$，悬挂球柄的支点到铅垂轴的距离为 $e = 50\text{mm}$，球柄与铅垂轴所成的夹角 $\beta = 30°$，试求此时重球的绝对速度。

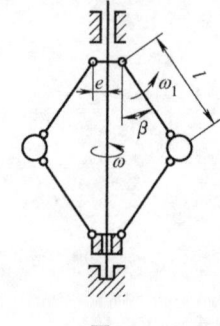

图 6-6

习题6-7 已知三角块沿水平面向左运动，$v_1 = 1\text{m/s}$，推动杆长 $l = 1\text{m}$ 的杆 AB 绕点 A 转动，如图6-7所示。试求当 $\theta = 60°$ 时，杆 AB 的角速度、点 B 相对于斜面的速度。

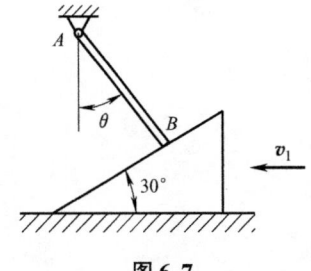

图 6-7

习题 6-8 曲杆 OAB 以角速度 ω 绕点 O 转动，通过滑块 B 推动杆 BC 运动，如图 6-8 所示，在图示瞬时 $AB = OA$，试求点 C 的速度。

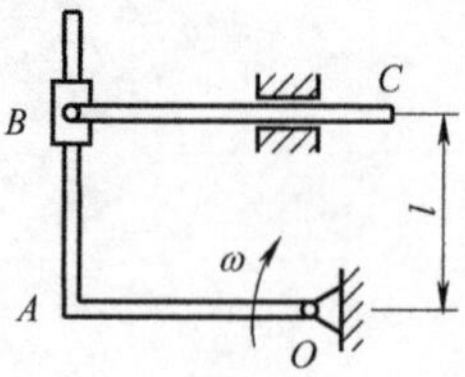

图 6-8

习题 6-9 半径为 R 的大圆环，在自身平面中以等角速度 ω 绕轴 A 转动，并带动一小环 M 沿固定的直杆 CB 滑动。在图 6-9 所示瞬时，圆环的圆心 O 和点 A 在同一水平线上，试求此时小环 M 相对圆环和直杆的速度。

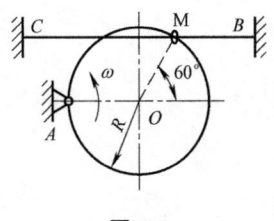

图 6-9

习题 6-10 曲柄 O_1A 以匀角速度 ω 绕点 O_1 转动，通过滑块 A 使扇形齿轮绕点 O_2 转动，从而带动齿条 DB 往复运动，如图 6-10 所示。已知 $O_1A = R$，试求图示瞬时齿条上点 C 的速度。

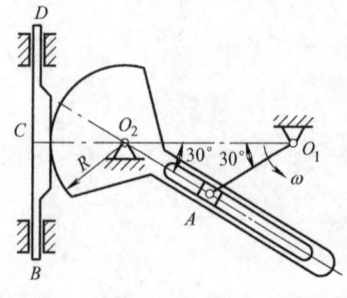

图 6-10

专业 _____ 班级 _____ 学号 _____ 姓名 _____

习题 6-11 如图 6-11 所示，两圆盘匀速转动的角速度分别为 $\omega_1 = 1\text{rad/s}$，$\omega_2 = 2\text{rad/s}$，两圆盘的半径均为 $R = 50\text{mm}$，两盘转轴之间的距离 $L = 250\text{mm}$。在图示瞬时，两圆盘位于同一平面内。试求此时盘 II 上的点 A 相对于盘 I 的速度。

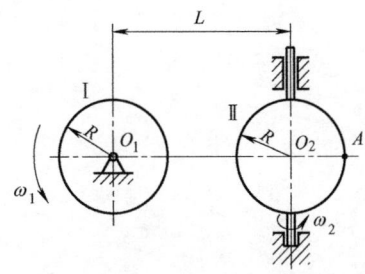

图 6-11

习题 6-12 绕轴 O 转动的圆盘以及直杆 OA 上均有一导槽，两导槽间有一活动的销子 M，如图 6-12 所示。已知 $b = 0.1\text{m}$，设在图示瞬时，圆盘及直杆的角速度分别为 $\omega_1 = 9\text{rad/s}$，$\omega_2 = 3\text{rad/s}$。求此瞬时销子 M 的速度。

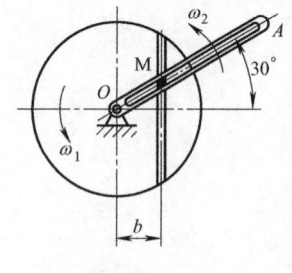

图 6-12

习题 6-13 如图 6-13 所示的机构，已知曲柄 OA 的角速度 $\omega = 10\pi\,\mathrm{rad/s}$，$OA = 150\,\mathrm{mm}$，试求 $\varphi = 45°$ 时，弯杆上点 B 的速度和套筒 A 相对于弯杆的速度、加速度。

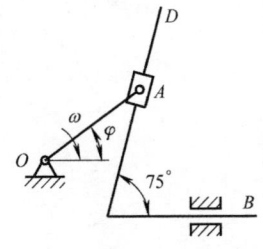

图 6-13

习题 6-14 图 6-14 所示为平底推杆凸轮机构，半径为 R 的偏心轮绕轴 O 转动，转动方程 $\varphi = 3t + 5t^2$，偏心距 $OC = e$，试求推杆上点 A 的速度、加速度。

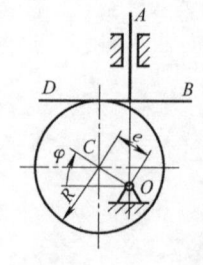

图 6-14

习题 6-15 如图 6-15 所示,在平行四连杆机构的连杆 AB 上有一半径 $R = 300\text{mm}$ 的圆弧形导槽 D,已知 $O_1A = O_2B = 400\text{mm}$,曲柄 O_1A 绕点 O_1 的转动方程为 $\varphi = \pi t^2/8$,一动点 M 自点 B 由静止开始沿导槽运动,其运动规律为 $\overset{\frown}{BM} = 50\pi t^2/4$(弧长的单位为 mm)。试求 $t = 2\text{s}$ 时,点 M 的速度和加速度。

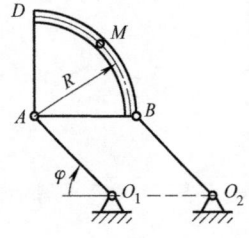

图 6-15

习题 6-16　如图 6-16 所示，曲柄 OA 长 0.4m，以等角速度 $\omega = 0.5\text{rad/s}$ 绕轴 O 逆时针方向转动，推动 BC 沿铅直方向运动。试求当曲柄和水平线间的夹角 $\theta = 30°$ 时，BC 的速度和加速度。

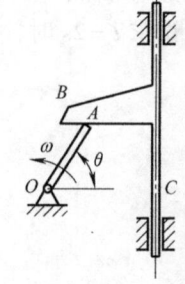

图 6-16

习题 6-17 剪切金属板的"飞剪机"结构如图 6-17 所示,工作台 AB 的移动规律是 $s = 0.2\sin(\pi t/6)$,滑块 C 带动上刀片 E 沿导柱运动以切断工件 D,下刀片固定在工作台上。设曲柄长 $OC = 0.6$m,$t = 1$s 时,$\varphi = 60°$。试求该瞬时刀片 E 相对于工作台运动的速度和加速度,并求曲柄 OC 转动的角速度及角加速度。

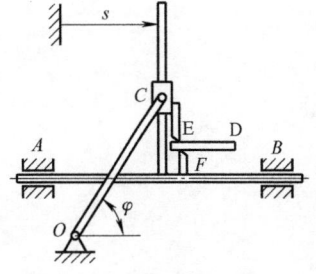

图 6-17

习题 6-18 如图 6-18 所示,直角曲杆 OAB 绕点 O 转动,半径 $R=40\sqrt{2}$mm 的圆环固定不动,小环 M 将杆与圆环相连。已知 $OA=R$,当点 A 与圆心 O_1 重合时,$\omega_1=2$rad/s,$\alpha_1=2$rad/s^2,试求该瞬时小环 M 的绝对速度和绝对加速度。

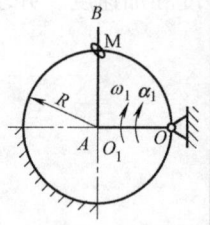

图 6-18

习题 6-19 在图 6-19 所示的平面机构中，杆 AB 以匀速 u 沿水平方向运动，并通过滑块 B 推动杆 OC 转动。试求 $\theta = 60°$ 时，杆 OC 的角速度和角加速度。

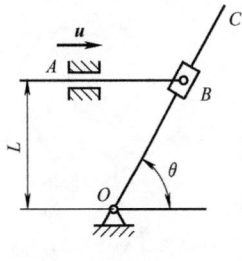

图 6-19

习题 6-20 在如图 6-20 所示的机构中，已知 $O_1A = O_2B = l$，杆 O_1A 以匀角速度 ω 绕点 O_1 转动。试求图示瞬时杆 DE 的角速度、角加速度。

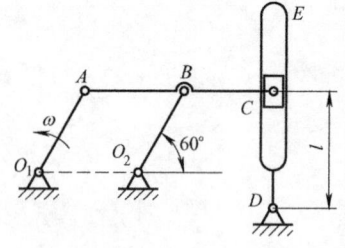

图 6-20

习题 6-21 在如图 6-21 所示的马耳他机构中，曲柄 1 绕点 O 以匀角速度 $\omega_1 = \sqrt{2}\,\mathrm{rad/s}$ 转动，固定在曲柄上的销 A 沿着半径为 R 的圆盘 2 的槽滑动，并使圆盘 2 绕点 O_1 转动。设 $OA = R = 200\,\mathrm{mm}$，$\theta = 45°$，试求图示瞬时圆盘 2 的角速度、角加速度以及销 A 相对于圆盘的加速度。

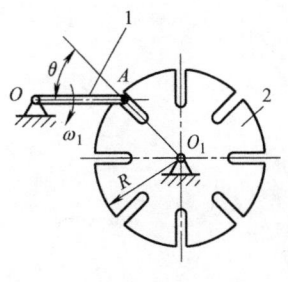

图 6-21

习题 6-22 在图 6-22 所示的凸轮机构中,凸轮半径为 R,偏心距 $OC = e$,其角速度 ω 为常量,顶杆 AB 与凸轮之间为光滑接触。试以两种动点和动系分别求顶杆的速度和加速度。

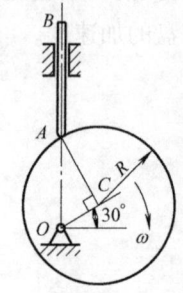

图 6-22

习题 6-23 如图 6-23 所示，在偏心轮摇杆机构中，摇杆 O_1A 借助于弹簧压在半径为 R 的偏心轮上，偏心轮绕轴 O 往复摆动，从而带动摇杆绕轴 O_1 摆动。当 $OC \perp OO_1$ 时，偏心轮的角速度为 ω，角加速度为零，$\theta = 60°$。试求此时摇杆 O_1A 的角速度和角加速度。

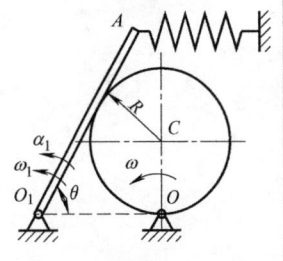

图 6-23

习题 6-24 如图 6-24 所示,半圆板绕其铅垂的直径线 AB 做定轴转动,转动方程为 $\varphi = 4t - 0.2t^2$,点 M 由点 O 自静止开始沿圆周运动,运动规律为 $\overset{\frown}{OM} = 100\pi\sin(\pi t/4)$(弧长的单位为 mm),设半圆板的半径为 $R = 300$mm,试求 $t = 2/3$s 时,点 M 的加速度。

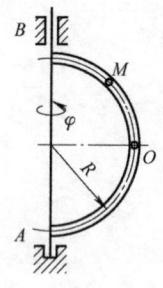

图 6-24

习题 6-25 如图 6-25 所示，圆盘绕 AB 轴转动，其角速度 $\omega = 2t(\mathrm{rad/s})$。点 M 沿圆盘直径离开中心 O 向外缘运动，其运动规律为 $OM = 4t^2(\mathrm{mm})$。半径 OM 与 AB 轴间成 60°倾角。试求当 $t = 1\mathrm{s}$ 时点 M 的绝对加速度的大小。

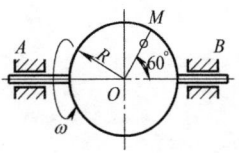

图 6-25

习题 6-26 如图 6-26 所示，点 M 以不变的相对速度 v_r 沿圆锥体的母线向下运动。此圆锥体以角速度 ω 绕 OA 轴做匀速转动。如果 $\angle MOA = \theta$，当 $t=0$ 时点在 M_0 处，此时距离 $OM_0 = b$。试求在 $t(\mathrm{s})$ 时刻，点 M 的绝对加速度的大小。

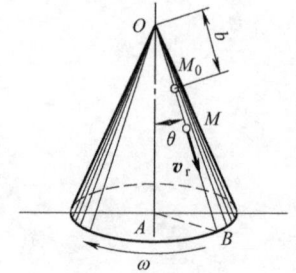

图 6-26

习题 6-27 摇杆滑道机构的曲柄 OA 长 l，以角速度 ω_0 绕轴 O 转动，如图 6-27 所示。已知在图示位置 $OA \perp O_1O$，$AB = 2l$，试求该瞬时杆 BC 的速度和加速度。

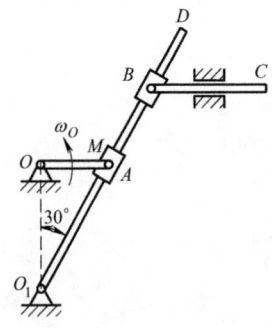

图 6-27

习题 6-28 牛头刨床机构如图 6-28 所示。已知 $O_1A = 200\text{mm}$，曲柄 O_1A 以匀角速度 $\omega_1 = 2\text{rad/s}$ 绕轴 O_1 转动。求图示位置滑枕 CD 的速度和加速度。

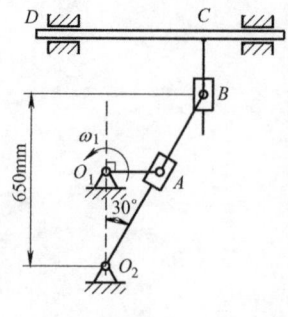

图 6-28

复习题

复习题 6-1 在点的合成运动中,动点相对于静系的运动称为_____,动点相对于动系的运动称为_____,动系相对于静系的运动称为_____。

复习题 6-2 在某一瞬时动系上和动点相重合的一点称为牵连点,牵连点的速度称为动点的_____。

复习题 6-3 在任一瞬时,动点的绝对速度等于_____和相对速度的矢量和。

复习题 6-4 一只小虫在摆动的钟摆上爬动。以地面为静系,钟摆为动系,钟摆上小虫所在位置相对于地面的运动速度称为小虫运动的_____速度。

复习题 6-5 当动系做平动时,动点在某瞬时的绝对加速度等于该瞬时它的牵连加速度和_____的矢量和。

复习题 6-6 自行车在水平路面上做直线运动。以地面为静系,自行车为动系,骑车人在车上所观察到的车胎的圆周运动所引起的加速度是车胎上一点运动的_____加速度。

复习题 6-7 当牵连运动为转动时,在任一瞬时,动点的绝对加速度等于动点的牵连加速度、相对加速度和_____的矢量和。

复习题 6-8 人在火车上观看窗外的风光,看到树木迅速地向后移动。以地面为静系,火车为动系,树木的运动是_____。

复习题 6-9 一条鱼沿着溪流向上游动,因而未被溪水冲到下游去。以地面为静系,溪水为动系,鱼相对水流的速度是_____。

复习题 6-10 如图 6-29 所示,曲柄 OA 在图示瞬时以 ω_0 绕轴 O 转动,并带动直角曲杆 O_1BC 在图示平面内运动。若取套筒 A 为动点,杆 O_1BC 为动系,则相对速度大小为_____,牵连速度大小为_____。

复习题 6-11 在如图 6-30 所示的平面机构中,杆 OA 通过滑块与杆 BC 相连。$OA = l$。杆 OA 以角速度 ω_0 做逆时针转动。杆 OA 和 BC 与水平方向成 $60°$ 角,则杆 BC 转动的角速度为_____。

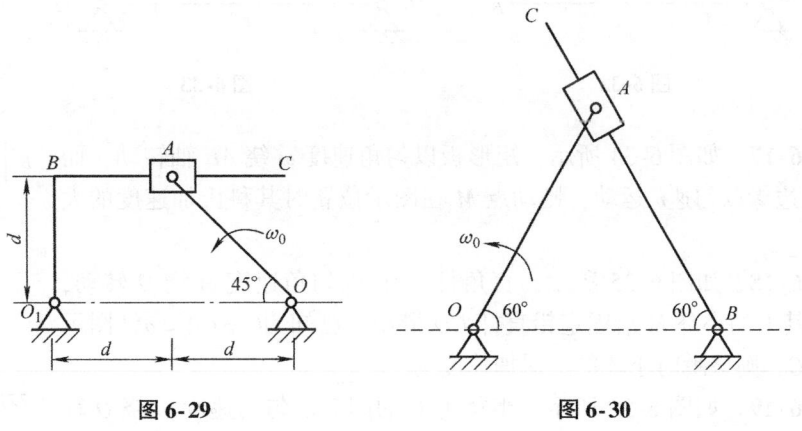

图 6-29   图 6-30

复习题 6-12 如图 6-31 所示,一半径为 R 的圆环在自身平面里以角速度 ω 绕固定点 O 做逆时针转动,AB 为经过 O 点的水平固定的直杆,通过套环 M 与圆环相连。O_1 为圆环的圆心,$\angle OO_1M = 60°$,则套环 M 在 AB 杆上的运动速度为_____。

复习题 6-13 在一列做直线运动的火车的车厢里,一台风扇正在扇风。以地面为静系,

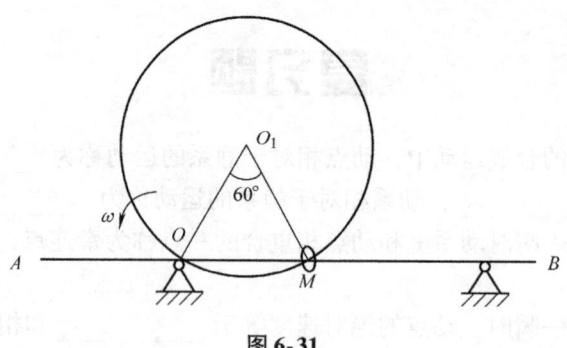

图 6-31

火车为动系，对于风扇叶片上一点而言，由风扇转动引起的加速度是_____。

复习题 6-14　一只水平的圆盘在自身平面内以角速度 ω 绕圆心转动，圆盘上一个物块以相对速度 v_r 沿径向滑动。以地面为静系，圆盘为动系，则物块运动的科氏加速度大小是_____。

复习题 6-15　如图 6-32 所示，一块等腰直角三角形的板 OBA 在其自身平面内绕顶点 O 顺时针转动，角速度为 ω。一物块 M 以相对速度 v_r 沿 AB 边从 A 到 B 运动，$AB=b$，则物块 M 在 A 点时的绝对加速度为_____。

复习题 6-16　平行四边形机构如图 6-33 所示，曲柄 O_1A 以匀角速度 ω 绕 O_1 轴逆时针方向转动。小环 M 沿 AB 杆运动的相对速度为 v_r。若将动坐标系固连于 AB 杆，则小环 M 的科氏加速度的大小为_____。

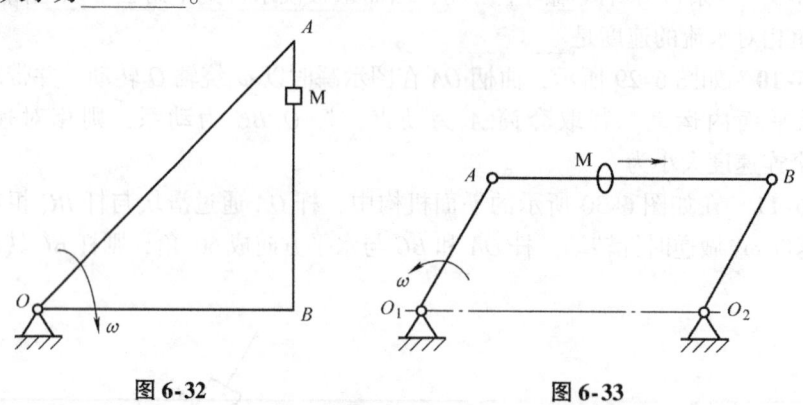

图 6-32　　　　　图 6-33

复习题 6-17　如图 6-34 所示，矩形板以匀角速度 ω 绕 AB 轴转动，而动点 M 沿板边缘以匀速 v_r 运动，则动点 M 在图示位置时其科氏加速度的大小为_____。

复习题 6-18　如图 6-35 所示，直角杆 OAB 以匀角速度 ω 绕 O 转动，并带动套在其上的小环 M 沿固定铅直杆 CD 滑动，已知 $OC=OA=a$，图示位置 $OA \perp OC$，则该瞬时小环的绝对加速度为_____。

复习题 6-19　如图 6-36 所示，半径为 R 的圆盘以匀角速度 ω 绕 O 轴转动。动点 M 相对圆盘以匀速率 $v_r = R\omega$ 沿圆盘边缘运动。设动坐标系固连于圆盘，则在图示位置时，动点的牵连加速度的大小为_____，动点的相对加速度的大小为_____，动点的科氏加速度的大小为_____。（在图上画出各量的方向）

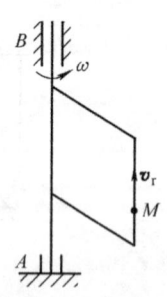

图 6-34

复习题 6-20　如图 6-37 所示，OA 杆绕 O 轴转动，并在套筒内滑动，套筒与在铅直槽内滑块 B 铰接。已知 $l = 200\text{mm}$。在图示位置时，设 OA 杆的转动角速度 $\omega = 1\text{rad/s}$，转动角加速度 $\alpha = 0.5\text{rad/s}^2$，转向如图所示。则此时滑块 B 的加速度大小为 _____。

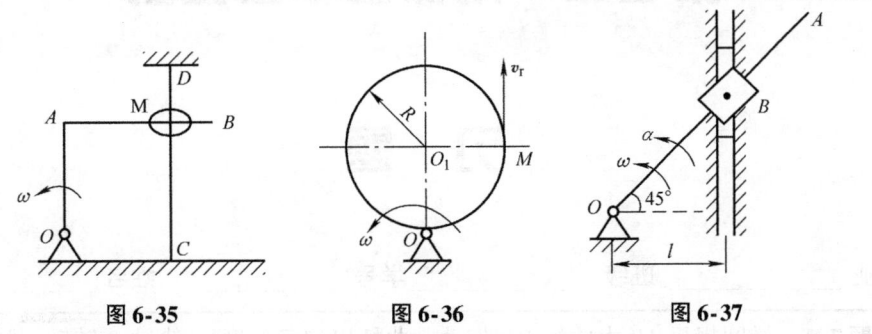

图 6-35　　　　　图 6-36　　　　　图 6-37

第七章　刚体的平面运动

习　题

专业　_____　班级　_____　学号　_____　姓名　_____

习题 7-1　椭圆规尺 AB 由曲柄 OD 带动，曲柄以匀角速度 ω_O 绕轴 O 转动，初始时 OD 水平，如图 7-1 所示。$OD = BD = AD = r$，取 D 为基点，试求椭圆规尺 AB 的平面运动方程。

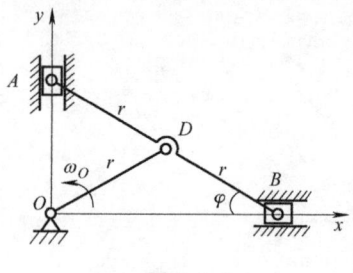

图 7-1

专业 _____ 班级 _____ 学号 _____ 姓名 _____

习题 7-2 半径为 R 的圆柱缠以细绳，绳的 B 端固定在顶棚上，如图 7-2 所示。圆柱自静止下落，其轴心的速度为 $v_A = 2\sqrt{3gh}/3$，其中 g 为常量，h 为轴心 A 至初始位置的距离。试求圆柱的平面运动方程。

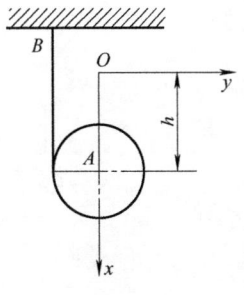

图 7-2

习题 7-3 杆 AB 的 A 端以匀速 v 沿水平面向右滑动，运动时杆恒与一半径为 R 的固定半圆柱面相切，如图 7-3 所示。设杆与水平面间的夹角为 θ，试以角 θ 表示杆的角速度。

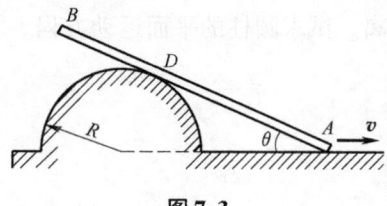

图 7-3

专业 _____ 班级 _____ 学号 _____ 姓名 _____

习题 7-4 如图 7-4 所示，两平行齿条同向运动，速度分别为 v_1 和 v_2，齿条之间夹一半径为 r 的齿轮，试求齿轮的角速度及其中心 O 的速度。

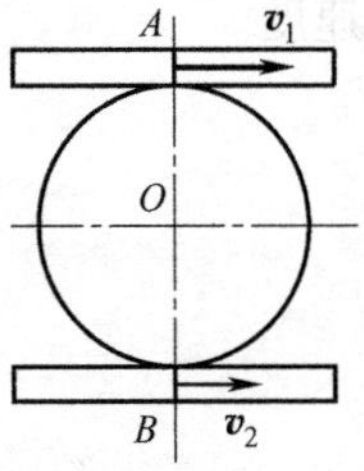

图 7-4

习题7-5 两直杆 AE，BE 铰接于点 E，杆长均为 l，其两端 A、B 分别沿两直线运动，如图7-5所示。当 $ADBE$ 成一平行四边形时，$v_A=0.2\mathrm{m/s}$，$v_B=0.4\mathrm{m/s}$，试求此时点 E 的速度。

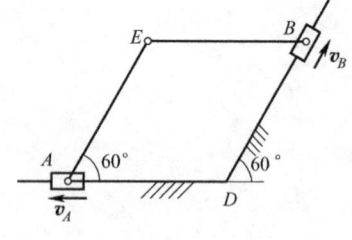

图 7-5

专业_____ 班级_____ 学号_____ 姓名_____

习题 7-6 图 7-6 所示机构中，$OA = 200\text{mm}$，$AB = 400\text{mm}$，$BD = 150\text{mm}$，曲柄 OA 以匀角速度 $\omega = 4\text{rad/s}$ 绕轴 O 转动。当 $\theta = 45°$ 时，连杆 AB 恰好水平、BD 铅直，试求该瞬时连杆 AB 及杆 BD 的角速度。

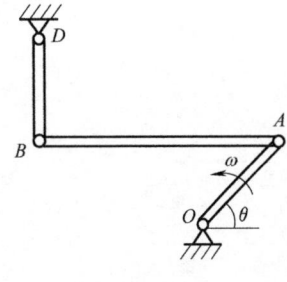

图 7-6

习题7-7 在如图7-7所示的筛动机构中,筛子 *BD* 的摆动是由曲柄连杆机构所带动。已知曲柄长 $OA = 0.3\text{m}$,转速为 $n = 40\text{r/min}$。当筛子运动到与点 O 在同一水平线上时,$\angle OAB = 90°$,试求此时筛子 *BD* 的速度。

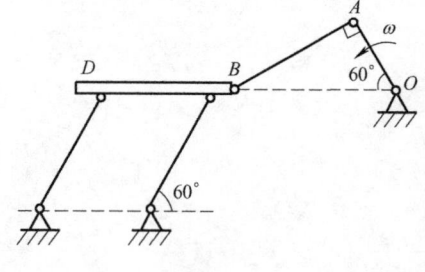

图 7-7

习题 7-8 长为 $l = 1.2\text{m}$ 的直杆 AB 做平面运动,某瞬时其中点 D 的速度大小为 $v_D = 3\text{m/s}$,方向与 AB 的夹角为 $60°$,如图 7-8 所示。试求此时点 A 可能有的最小速度以及该瞬时杆 AB 的角速度。

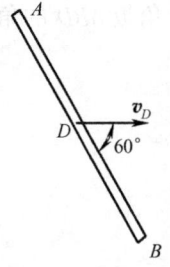

图 7-8

习题 7-9 在如图 7-9 所示的四连杆机构中，连杆 AB 上固连一块直角三角板 ABD，曲柄 O_1A 的角速度恒为 $\omega_1 = 2\text{rad/s}$，已知 $O_1A = 0.1\text{m}$，$O_1O_2 = AD = 0.05\text{m}$，当 O_1A 转动至铅直位置时，AB 平行于 O_1O_2，且 AD 与 O_1A 在同一直线上，$\varphi = 30°$。试求此时直角三角板 ABD 的角速度和点 D 的速度。

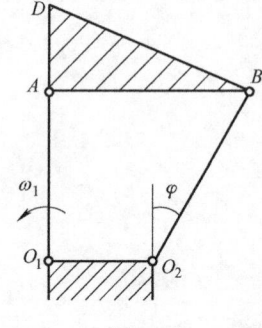

图 7-9

习题7-10 在瓦特行星机构中，杆 O_1A 绕轴 O_1 转动，并借连杆 AB 带动曲柄 OB 绕轴 O 转动（曲柄 OB 活动地装在 O 轴上），如图7-10所示。齿轮Ⅱ与连杆 AB 固连于一体，在轴 O 上还装有齿轮Ⅰ。已知 $r_1 = r_2 = 0.3\sqrt{3}$ m，$O_1A = 0.75$ m，$AB = 1.5$ m；又杆 O_1A 的角速度 $\omega_{O_1} = 6$ rad/s。试求当 $\gamma = 60°$ 且 $\beta = 90°$ 时，曲柄 OB 和齿轮Ⅰ的角速度。

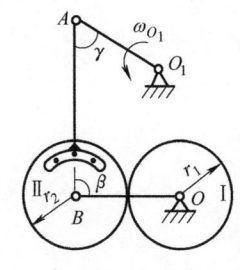

图 7-10

习题 7-11 在图 7-11 所示的双曲柄连杆机构中，滑块 B 和 E 用杆 BE 连接，主动曲柄 OA 和从动曲柄 OD 都绕 O 轴转动。主动曲柄 OA 做匀速转动，角速度的大小为 $\omega_O = 12\text{rad/s}$。已知各部件的尺寸为 $OA = 0.1\text{m}$，$OD = 0.12\text{m}$，$AB = 0.26\text{m}$，$BE = 0.12\text{m}$，$DE = 0.12\sqrt{3}\text{m}$。试求当曲柄 OA 垂直于滑块的导轨方向时，从动曲柄 OD 和连杆 DE 的角速度。

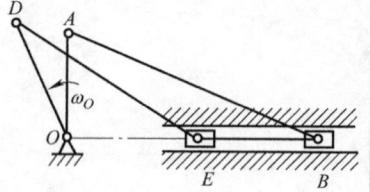

图 7-11

专业 _____ 班级 _____ 学号 _____ 姓名 _____

习题 7-12 在图 7-12 所示机构中，已知 $OA = 0.1\text{m}$，$BD = 0.1\text{m}$，$DE = 0.1\text{m}$，$EF = 0.1\sqrt{3}\text{m}$；曲柄 OA 的角速度为 $\omega_O = 4\text{rad/s}$。在图示位置时，OA 垂直于水平线 OB；B、D 和 F 位于同一铅垂线上；又 DE 垂直于 EF。试求此时杆 EF 的角速度和点 F 的速度。

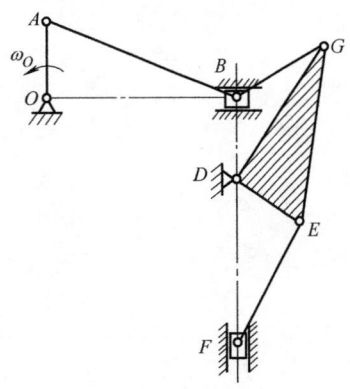

图 7-12

专业 _____ 班级 _____ 学号 _____ 姓名 _____

习题 7-13 半径为 r 的圆柱形滚子沿半径为 R 的固定圆弧面做纯滚动。在图 7-13 所示瞬时，滚子中心 D 的速度为 $\boldsymbol{v}_D$、切向加速度为 a_D^τ。试求此时滚子与圆弧面的接触点 A 以及同一直径上最高点 B 的加速度。

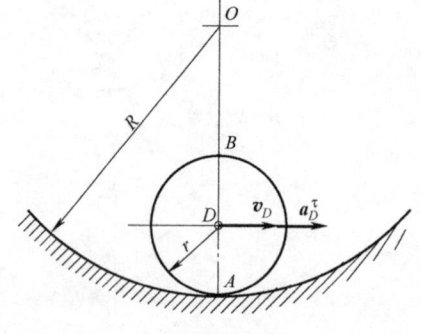

图 7-13

习题 7-14 绕线轮沿水平面滚动而不滑动,轮的半径为 R。在轮上有圆柱部分,其半径为 r,如图 7-14 所示。将线绕于圆柱上,线的 B 端以速度 v 和加速度 a 沿水平方向运动,试求绕线轮轴心 O 的速度和加速度。

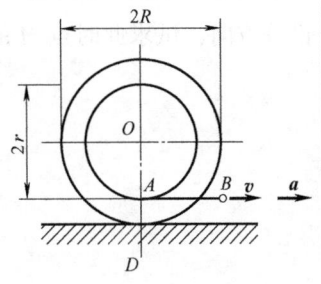

图 7-14

习题 7-15 在曲柄齿轮椭圆规中，齿轮 A 与曲柄 O_1A 固结为一体，齿轮 D 和齿轮 A 半径均为 r 并互相啮合，如图 7-15 所示。图中 $AB = O_1O_2$，$O_1A = O_2B = 0.4\text{m}$。$O_1A$ 以匀角速度 $\omega = 0.2\text{rad/s}$ 绕轴 O_1 转动。M 为齿轮 D 上一点，$DM = 0.1\text{m}$。在图示瞬时，DM 沿铅垂方向，试求此时点 M 的速度和加速度。

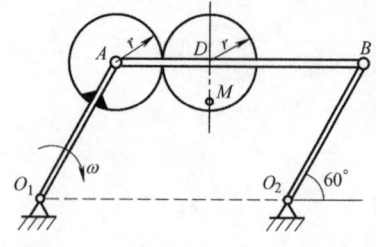

图 7-15

习题 7-16 边长 $l=400\text{mm}$ 的等边三角板 ABD 在其所在平面内运动，如图 7-16 所示。已知某瞬时点 A 的速度大小 $v_A=800\text{mm/s}$，加速度大小 $a_A=3200\text{mm/s}^2$，方向均沿 AD；点 B 的速度大小为 $v_B=400\text{mm/s}$，加速度大小为 $a_B=800\text{mm/s}^2$。试求该瞬时点 D 的速度和加速度。

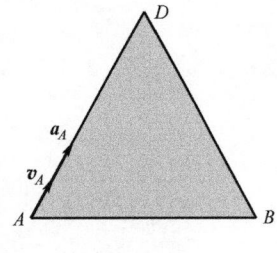

图 7-16

习题7-17 在四连杆机构 $OABO_1$ 中，$OO_1 = OA = O_1B = 100\text{mm}$，杆 OA 以匀角速度 $\omega = 2\text{rad/s}$ 绕 O 轴转动，如图 7-17 所示。当 $\varphi = 90°$ 时，杆 O_1B 水平，试求此时杆 AB 和杆 O_1B 的角速度及角加速度。

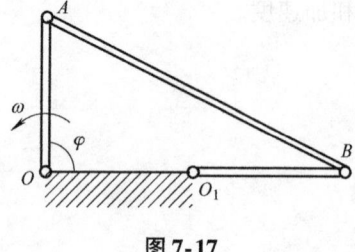

图 7-17

专业 _____ 班级 _____ 学号 _____ 姓名 _____

习题 7-18 在图 7-18 所示机构中，曲柄 OA 长为 l，以匀角速度 ω_0 绕轴 O 转动；滑块 B 可在水平滑槽内滑动。已知 $AB=AD=2l$，在图示瞬时，OA 沿铅垂方向，试求此时点 D 的速度及加速度。

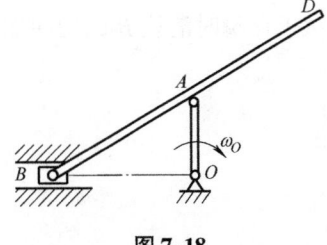

图 7-18

习题 7-19 在图 7-19 所示曲柄滑块机构中，曲柄 OA 绕轴 O 转动的角速度为 ω_0，角加速度为 α_0。某瞬时 OA 与水平方向成 $60°$ 角，而连杆 AB 与曲柄 OA 垂直。滑块 B 在圆弧槽内滑动，此时圆弧半径 O_1B 与连线 AB 间成 $30°$ 角。如果 $OA = r$，$AB = 2\sqrt{3}r$，$O_1B = 2r$，试求该瞬时滑块 B 的切向加速度和法向加速度。

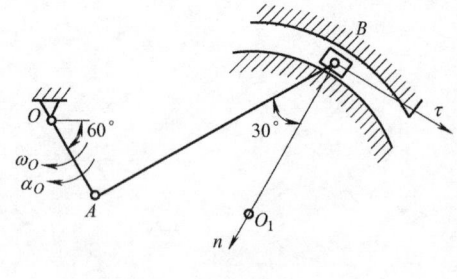

图 7-19

习题 7-20 半径为 r 的圆盘可在半径为 R 的固定圆柱面上纯滚动，滑块 B 可在水平滑槽内滑动，如图 7-20 所示。已知 $r=125\text{mm}$，$R=375\text{mm}$，杆 AB 长 $l=250\text{mm}$。在图示瞬时，$v_B=500\text{mm/s}$，$a_B=750\text{mm/s}^2$；O、A、O_1 三点位于同一铅垂线上，试求此时圆盘的角加速度。

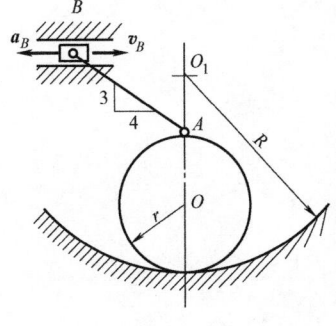

图 7-20

习题 7-21　在图 7-21 所示机构中，轮 A 的半径 $R=0.2\text{m}$，轮 B 的半径 $r=0.1\text{m}$，两轮均在水平轨道上做纯滚动。在图示瞬时，轮 A 上 D 点在最高位置，轮心速度 $v_A=2\text{m/s}$，加速度 $a_A=2\text{m/s}^2$，试求轮 B 滚动的角速度和角加速度。

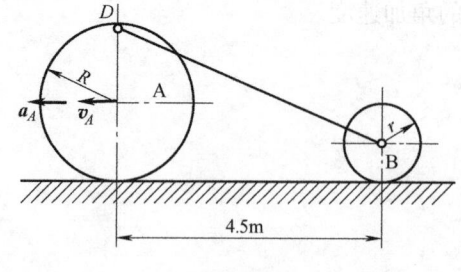

图 7-21

习题 7-22 轮 O 在水平面上做纯滚动，如图 7-22 所示。轮缘上固定销钉 B，此销钉可在摇杆 O_1A 的槽内滑动，并带动摇杆绕轴 O_1 转动。已知轮心 O 的速度是一常量，$v_O = 0.2$m/s，轮的半径 $R = 0.5$m，在图示位置时，O_1A 是轮的切线，摇杆与水平面的夹角为 $60°$。试求该瞬时摇杆的角速度和角加速度。

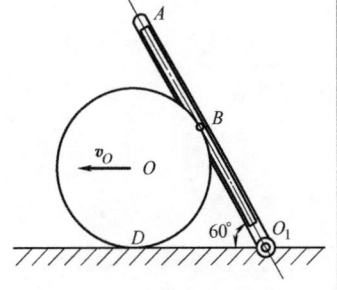

图 7-22

习题 7-23 在图 7-23 所示机构中，曲柄 OA 长为 $2l$，以匀角速度 ω_0 绕轴 O 转动。在图示瞬时，$AB = BO$，$\angle OAD = 90°$。试求此时套筒 D 相对于杆 BE 的速度和加速度。

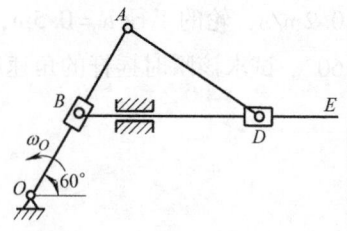

图 7-23

习题7-24 在图7-24所示机构中,杆AOD以匀角速度ω绕轴O转动,轮B由连杆AB带动沿固定圆柱面做纯滚动。已知$OA = OD = r$,轮B的半径为r,圆柱面的半径为$R = 2r$。在图示位置时,试求:(1)轮B滚动的角速度和角加速度;(2)杆O_1D转动的角速度和角加速度。

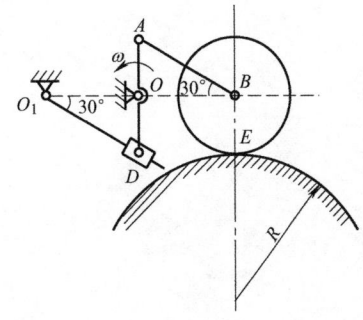

图7-24

习题 7-25 在如图 7-25 所示的曲柄连杆机构中，滑块 B 可沿水平滑槽运动，套筒 D 可在摇杆 O_1E 上滑动，O、B、O_1 在同一水平直线上。已知曲柄长 $OA=50$mm，匀速转动的角速度为 $\omega=10$rad/s。在图示瞬时，曲柄 OA 沿铅垂方向，$\angle OAB=60°$，摇杆 O_1E 与水平线间成 $60°$ 角，距离 $O_1D=70$mm。试求摇杆的角速度和角加速度。

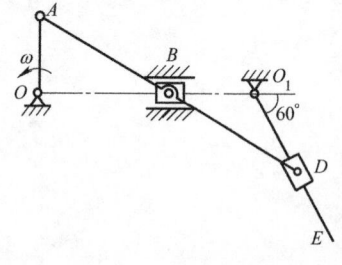

图 7-25

习题 7-26 在图 7-26 所示平面机构中，滑块 A 的速度是一常量，$v_A = 0.2\text{m/s}$，$AB = 0.4\text{m}$。试求当 $AE = BE$，$\varphi = 30°$ 时，杆 DE 的速度和加速度。

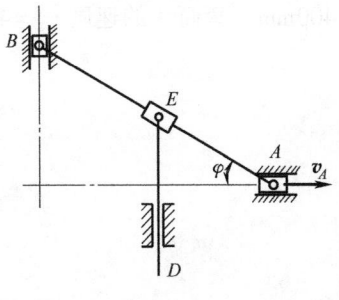

图 7-26

习题 7-27　如图 7-27 所示，套筒 A 铰接在杆 AB 的 A 端，并套在固定不动的铅直导杆 DE 上；杆 AB 可沿导套 F 滑动，已知 $AB=600\text{mm}$，在图示瞬时，$\theta=30°$，$AF=400\text{mm}$，套筒 A 的速度 $v_A=400\text{mm/s}$，加速度 $a_A=80\text{mm/s}^2$。试求该瞬时 B 端的加速度。

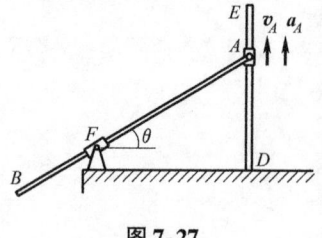

图 7-27

习题 7-28 在图 7-28 所示机构中，已知曲柄 OA 以匀角速度 $\omega_O = 1\,\text{rad/s}$ 绕定轴 O 转动，$OA = 100\,\text{mm}$，$l = 500\,\text{mm}$。在图示位置，$\beta = 60°$，$\gamma = 30°$，试确定杆 BD 的角速度和角加速度。

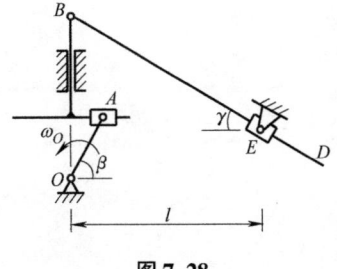

图 7-28

习题 7-29 在图 7-29 所示平面机构中,已知套筒 A 的速度大小 v 是一常量,当 OA 连线水平时,$OA = AD = R$,$\varphi = 30°$。试求该瞬时杆 AB 的角速度和角加速度。

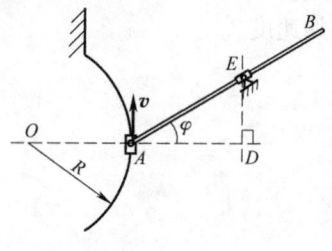

图 7-29

专业 _____ 班级 _____ 学号 _____ 姓名 _____

习题 7-30 在图 7-30 所示机构中，杆 OA 长 100mm，可绕轴 O 转动；AB 长 100mm，可在 O_1E 中滑动；气缸 O_1E 可绕轴 O_1 摆动，$OO_1 = 100\sqrt{3}$mm。在图示位置，杆 OA 的角速度为 $\omega_O = 2$rad/s，角加速度为零，且 $OA \perp OO_1$，试求此时活塞上点 B 的速度与加速度。

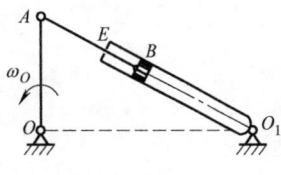

图 7-30

习题 7-31 在图 7-31 所示平面机构中，曲柄 OA 长 l，以匀角速度 ω_0 转动，同时杆 EG 以匀速 v_0 向左滑动，带动杆 DF 在铅直滑槽内运动。在图示瞬时，$AD = DG = l$，试求此时杆 DF 滑动的速度。

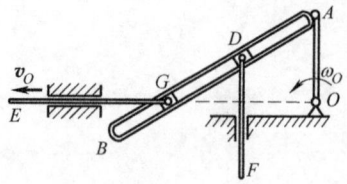

图 7-31

习题 7-32 如图 7-32 所示，半径同为 $R=0.2$m 的两个大圆环在水平地面上沿相反方向做纯滚动，环心速度是常数，$v_A=0.1$m/s，$v_B=0.4$m/s。当 $\angle MAB=30°$ 时，试求：（1）套在这两个大环上的小环 M 相对于每个大环的速度和加速度；（2）小环 M 的绝对速度和绝对加速度。

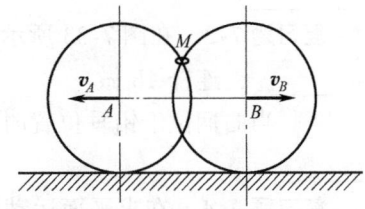

图 7-32

复习题

复习题 7-1　如果刚体在运动过程中，其上的任意一点与某一固定平面始终保持相等的距离，那么这种运动称为_____。

复习题 7-2　平面图形的运动可以分解为随_____和绕_____。

复习题 7-3　在图 7-33 所示机构中，曲柄 OA 做_____，连杆 AB 做_____，滑块 B 做_____。当曲柄位于铅垂位置时，AB 杆做_____。

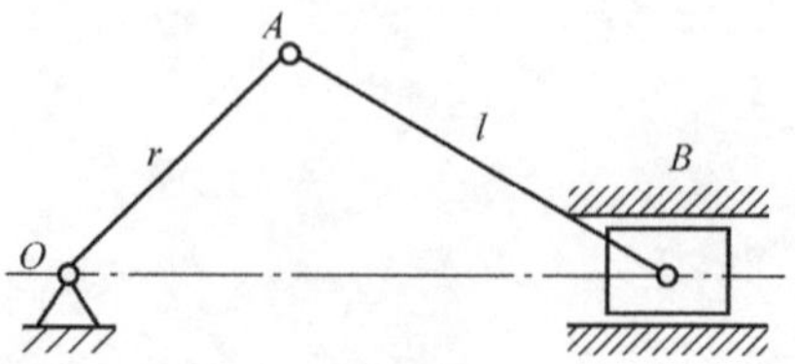

图 7-33

复习题 7-4　在求平面运动刚体上点的速度时，可用三种方法，它们分别是_____、_____和_____。

复习题 7-5　在平直轨道上做纯滚动的圆轮，其与地面接触点的速度为_____。

复习题 7-6　某刚体在某一时刻做瞬时平动，则其角速度为_____。

复习题 7-7　在任一瞬时，平面运动的刚体上任意两点的速度在此两点连线上的_____相等。

复习题 7-8　速度瞬心是平面运动刚体上_____。在该瞬时，刚体上各点速度的分布规律就像_____刚体上的速度分布一样。但该点的加速度一般_____。

复习题 7-9　若刚体的速度瞬心在无穷远，则此时刚体的角速度为_____，刚体做_____。

复习题 7-10　在如图 7-34 所示曲柄滑块机构中，OA 杆与水平线之间的夹角为 φ，当 φ 等于_____时，滑块 B 的速度为零。

复习题 7-11　在如图 7-35 所示平面机构中，$AC = BC$，两杆在 C 点铰接。在图示瞬间，AC 垂直于 BC，v_A 与 AC 成 $30°$，v_B 与 BC 成 $60°$，$v_A = v_B = v$，则此瞬时点 C 的速度为_____。

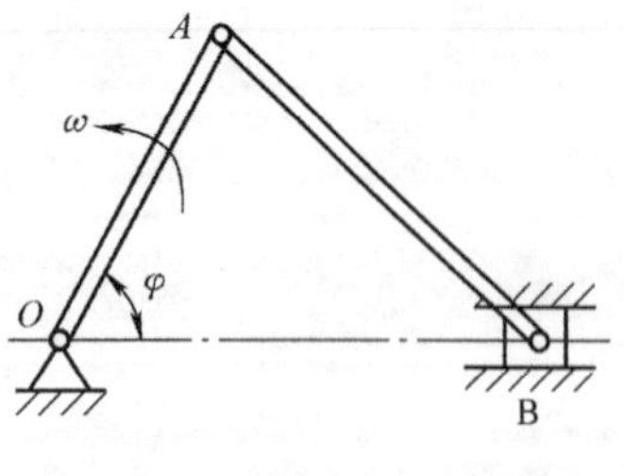

图 7-34

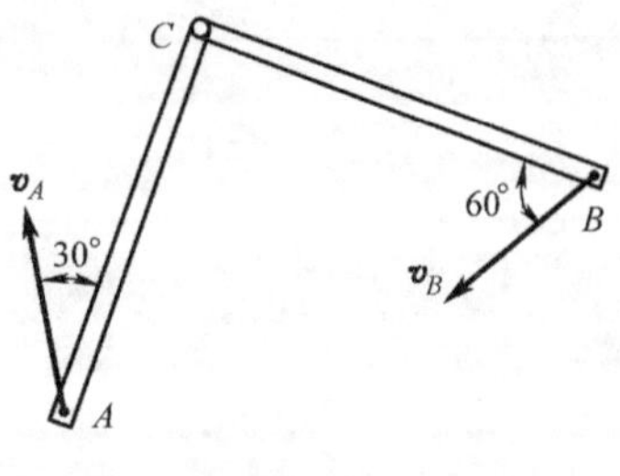

图 7-35

复习题 7-12　在图 7-36 所示机构中，$OA = 200$mm，$AB = 400$mm，$BD = 150$mm，曲柄 OA 以匀角速度 $\omega = 4$rad/s 绕轴 O 转动。当 $\theta = 45°$时，连杆 AB 恰好水平，BD 铅直，则该瞬时连杆 AB 的角速度为_____，构件 BD 的角速度为_____。

复习题 7-13　已知做平面运动的平面图形上 A 点的速度 v_A，方向如图 7-37 所示，则 B 点所有可能速度中最小速度的大小为_____，方向_____。

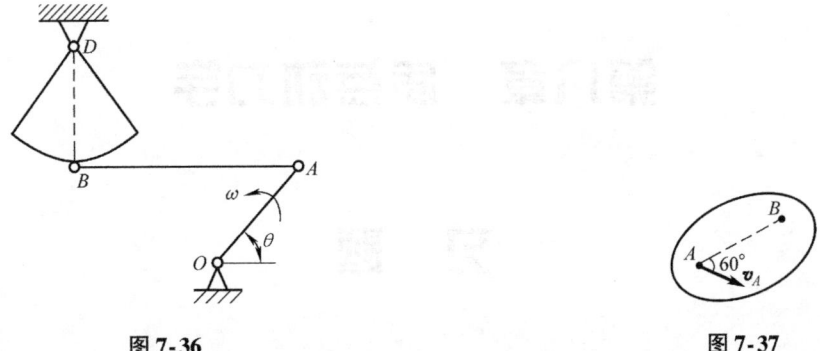

图 7-36　　　　　　　　　　　　　　图 7-37

复习题 7-14　在图 7-38 所示曲柄摇杆机构中，曲柄 OA 以角速度 ω_0 绕 O 轴转动，带动连杆 AC 在摇块 B 内滑动；摇块及与其刚性连接的 BD 杆则绕 B 铰转动，杆 BD 长 l。那么，在图示位置时，摇块的角速度为＿＿＿＿＿＿＿，D 点的速度为＿＿＿＿＿＿＿。

复习题 7-15　如图 7-39 所示，直径为 $60\sqrt{3}$mm 的滚子在水平面上做纯滚动，杆 BC 一端与滚子铰接，另一端与滑块 C 铰接。设杆 BC 在水平位置时，滚子的角速度 $\omega = 12$rad/s，$\theta = 30°$，$\varphi = 60°$，$BC = 270$mm，则该瞬时杆 BC 的角速度为＿＿＿＿＿＿＿，点 C 的速度为＿＿＿＿＿＿＿。

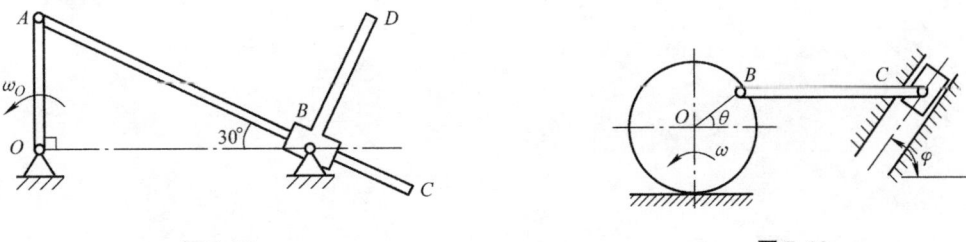

图 7-38　　　　　　　　　　　　　　图 7-39

复习题 7-16　如图 7-40 所示，半径为 R 的圆轮沿直线轨道做纯滚动。若轮心 O 为匀速运动，速度为 v，则 B 点加速度的大小为＿＿＿＿＿＿＿，方向＿＿＿＿＿＿＿。

复习题 7-17　如图 7-41 所示，轮心为 A 的圆轮做纯滚动，其中其角速度 ω 为常数，那么轮心 A 的加速度大小为＿＿＿＿＿＿＿。

复习题 7-18　如图 7-42 所示，滑块以匀速度 $v_B = 2$m/s 沿铅垂滑槽向下滑动，通过连杆 AB 带动轮心为 A 的轮子沿水平面做纯滚动。设连杆长 $l = 800$mm，轮子半径 $r = 200$mm。当 AB 与铅垂线呈 $\theta = 30°$时，点 A 的加速度为＿＿＿＿＿＿＿，连杆的角加速度为＿＿＿＿＿＿＿，轮子的角加速度为＿＿＿＿＿＿＿。

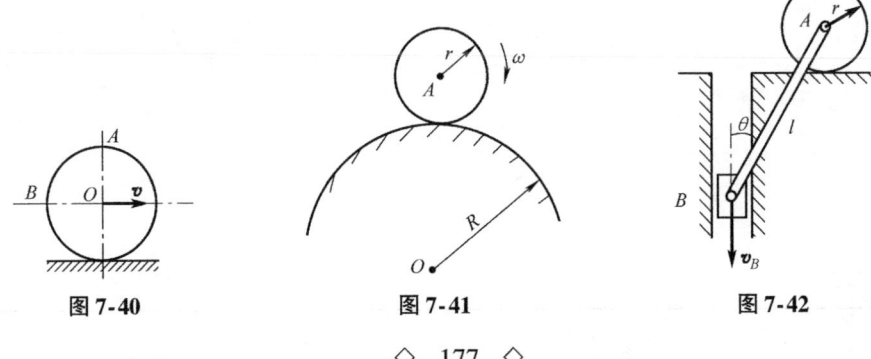

图 7-40　　　　　　图 7-41　　　　　　图 7-42

第八章 质点动力学

习 题

专业_____ 班级_____ 学号_____ 姓名_____

习题 8-1 如图 8-1 所示，一质量为 700kg 的载货小车以 $v=1.6\text{m/s}$ 的速度沿缆车轨道下降，轨道的倾角 $\theta=15°$，运动总阻力系数 $f=0.015$，求小车匀速下降时缆索的拉力。又设小车的制动时间为 $t=4\text{s}$，在制动时小车做匀减速运动，试求此时缆绳的拉力。

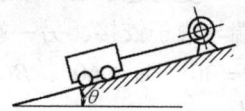

图 8-1

专业 _____ 班级 _____ 学号 _____ 姓名 _____

习题 8-2 小车以匀加速度 a 沿倾角为 θ 的斜面向上运动,如图 8-2 所示。在小车的平顶上放一重为 G 的物块,随车一同运动,试问物块与小车间的摩擦因数 μ 应为多少?

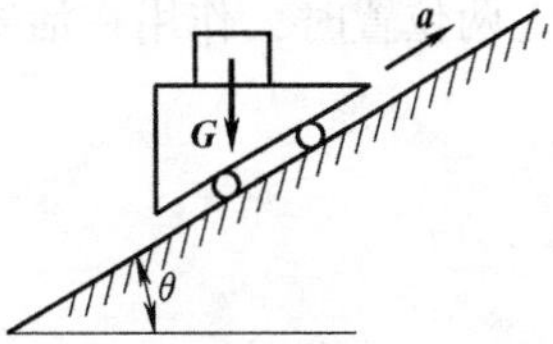

图 8-2

习题 8-3 如图 8-3 所示，在曲柄滑道机构中，滑杆与活塞的质量为 50kg，曲柄 OA 长 300mm，绕 O 轴匀速转动，转速为 $n=120\text{r/min}$。试求当曲柄运动至水平向右及铅垂向上两位置时，作用在活塞上的气体压力。曲柄质量不计。

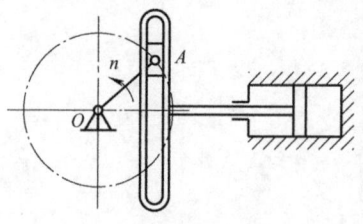

图 8-3

专业 ____________ **班级** ____________ **学号** ____________ **姓名** ____________

习题 8-4　重物 A 和 B 的质量分别为 $m_A = 20\text{kg}$ 和 $m_B = 40\text{kg}$，用弹簧连接，如图 8-4 所示。重物 A 按 $y = H\cos(2\pi t/T)$ 的规律做铅垂简谐运动，其中振幅 $H = 10\text{mm}$，周期 $T = 0.25\text{s}$。试求重物 A 和 B 对于支承面的压力的最大值及最小值。

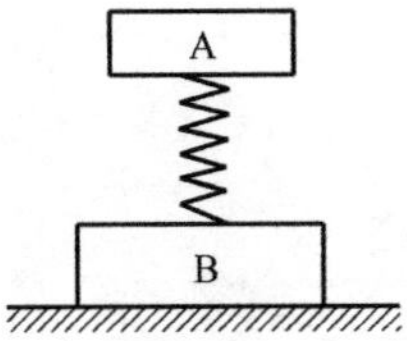

图 8-4

专业 _____ 班级 _____ 学号 _____ 姓名 _____

习题 8-5 振动筛做振幅 $A = 50\text{mm}$ 的简谐运动,当某频率时,筛上的物料开始与筛分开而向上抛起,试求此最小频率。

专业_____ 班级_____ 学号_____ 姓名_____

习题 8-6 如图 8-5 所示，质量为 m 的小球 M 由两根各长 l 的杆支持，此机构以匀角速度 ω 绕铅直轴 AB 转动。如果 $AB = 2a$，两杆的各端均为铰接，且杆重忽略不计，试求两杆所受的力。

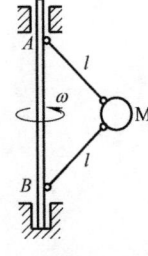

图 8-5

习题 8-7 为了使列车对于钢轨的压力垂直于路基,在轨道弯曲部分的外轨比内轨稍高,如图 8-6 所示。试以下列数据求外轨高于内轨的高度,即超高 h。轨道的曲率半径 $r = 300\text{m}$,列车速度 $v = 60\text{km/h}$,轨距 $b = 1.435\text{m}$。

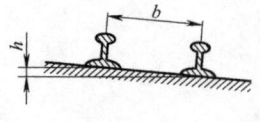

图 8-6

习题 8-8 球磨机是利用在旋转筒内的锰钢球对于矿石或煤块的冲击同时也靠运动时的磨剥作用来磨制矿石粉或煤粉的机器,如图 8-7 所示。当圆筒匀速转动时,带动钢球一起运动,待转至一定角度 φ 时,钢球即离开圆筒并沿抛物线轨迹下落打击矿石。已知当 $\varphi = 54°40'$ 时钢球脱离圆筒,可得到最大的打击力。设圆筒内径 $D = 3.2\text{m}$,试求圆筒应有的转速。

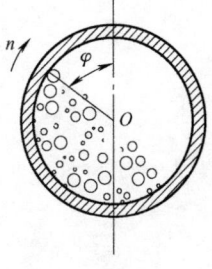

图 8-7

习题 8-9 质量为 10kg 的物体在变力 $F = 98(1-t)$（单位为 N）的作用下运动。设物体的初速度为 $v_0 = 200$mm/s，且力的方向与速度的方向相同，试问，经过多少秒后物体停止运动？停止前走了多少路程？

| 专业 _____ 班级 _____ 学号 _____ 姓名 _____ |

习题 8-10　一人造卫星质量为 m，在地球引力作用下，在距地面高 h 处的圆形轨道上以速度 v 运行。设地面上的重力加速度为 g，地球半径为 R，试求卫星的运行速度及周期与高度 h 的关系。

专业 _____　班级 _____　学号 _____　姓名 _____

习题 8-11　一物体重 G，以初速度 v_0 与水平方向成 θ 角向斜上方抛出，设空气阻力与速度的一次方成正比，即 $F_c = kv$。试求物体能达到的最大高度及此时所经过的水平距离。

复习题

复习题 8-1 牛顿第一定律亦即惯性定律，它揭示了_____是改变质点运动状态的原因。

复习题 8-2 在动力学里，把适用于牛顿定律的参考坐标系称为_____。

复习题 8-3 质量 $m = 2\text{kg}$ 的质点的运动方程为 $r = [(6t^2 - 1)i + (3t^2 + 3t - 1)j]\,(\text{m})$，则该质点所受的力 $F = $ _____。

复习题 8-4 质点由静止开始以匀角加速度 α 沿半径为 R 的圆周运动，如果某时刻质点的加速度与切向加速度之间的夹角成 $45°$，则在这段时间内质点转过的角度 θ 为_____。

复习题 8-5 质点动力学微分方程的矢量形式为_____；投影式中，直角坐标形式为_____，自然坐标形式为_____。

复习题 8-6 质量 $m = 2\text{kg}$ 的重物挂在长 $l = 0.5\text{m}$ 的细绳下端，重物受到水平冲击后获得了 $v_0 = 5\text{m/s}$ 的速度，则此时绳子的拉力等于_____。

复习题 8-7 质量为 10kg 的质点受水平力 F 作用，在光滑水平面上运动，设 $F = 3 + 4t$（t 以 s 计，F 以 N 计），在初瞬时（$t = 0$），质点位于坐标原点，且初速度为零，则 $t = 3\text{s}$ 时质点的位移等于_____，速度等于_____。

复习题 8-8 两个相同质量的质点，在相同的力矢作用下运动，则运动质点的速度_____，加速度_____。（填"相同"或"不相同"或"不一定相同"）

复习题 8-9 物块 A 和 B 的质量分别为 m_A 和 m_B，两物块间用一不计质量的弹簧连接，如图 8-8 所示。设物块 A 的铅直运动规律为 $x = x_0 \sin\omega t$（其中 x_0，ω 为常量），物块 B 在水平面上保持静止，则在物块 A 运动过程中，水平面所受压力的大小为_____。

复习题 8-10 小车的 AB 侧面铅直，物块 M 与小车的静摩擦因数为 μ，如图 8-9 所示。若使物块 M 不致下落，则小车的运动加速度的大小应满足_____。

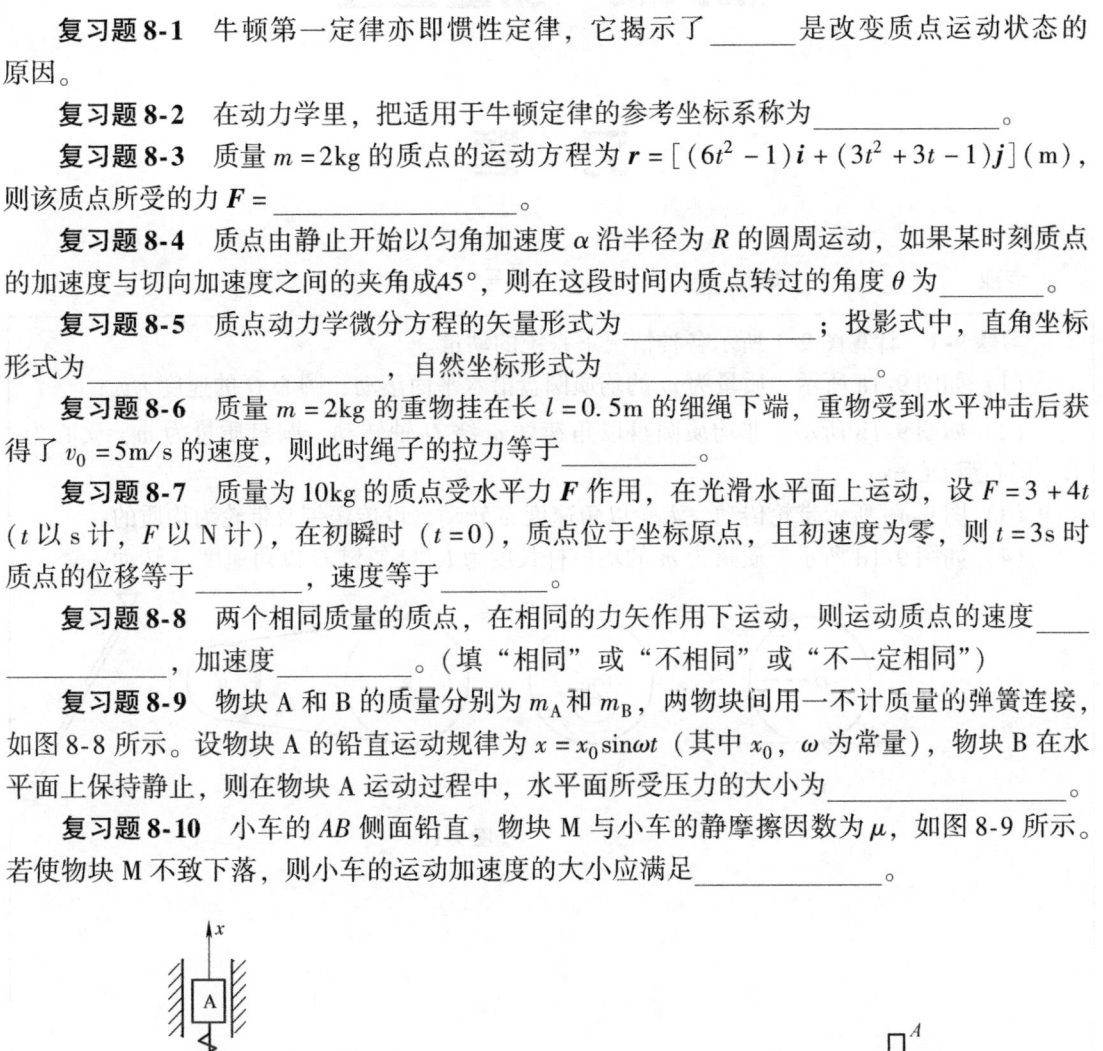

图 8-8　　　　　　　　　　图 8-9

第九章 动量定理

习 题

专业_____ 班级_____ 学号_____ 姓名_____

习题 9-1 计算图 9-1 所示各种情况下系统的动量。

（1）如图 9-1a 所示，质量为 m 的均质圆盘沿水平面滚动，圆心 O 的速度为 v_0；

（2）如图 9-1b 所示，非均质圆盘以角速度 ω 绕 O 轴转动，圆盘质量为 m，质心为 C，偏心距 $OC = e$；

（3）图 9-1c 所示带轮传动，大轮以角速度 ω 转动，设传送带及带轮为均质的；

（4）如图 9-1d 所示，质量为 m 的均质杆长度为 l，绕铰链 O 以角速度 ω 转动。

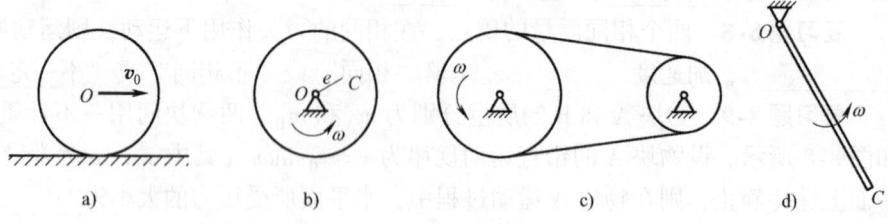

图 9-1

专业 _____ 班级 _____ 学号 _____ 姓名 _____

习题 9-2　如图 9-2 所示，椭圆规尺 AB 的质量为 $2m_1$，曲柄 OC 的质量为 m_1，而滑块 A 和 B 的质量均为 m_2。已知 $OC=AC=CB=l$，曲柄和尺的质心分别在其中点上，曲柄绕 O 轴转动的角速度 ω 为常量。当开始时，曲柄水平向右，试求此时质点系的动量。

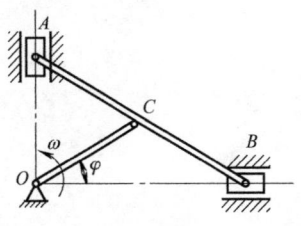

图 9-2

专业 _____ 班级 _____ 学号 _____ 姓名 _____

习题 9-3 跳伞者质量为 60kg，自停留在高空中的直升飞机中跳出，落下 100m 后，将降落伞打开。设开伞前的空气阻力略去不计，伞重不计。开伞后阻力不变，经 5s 后跳伞者的速度减为 4.3m/s。试求阻力的大小。

习题 9-4 如图 9-3 所示，两小车 A 和 B 的质量分别为 600kg 和 800kg，在水平轨道上分别以匀速 $v_A = 1\text{m/s}$，$v_B = 0.4\text{m/s}$ 运动。一质量为 40kg 的重物 C 以俯角 30°、速度 $v_C = 2\text{m/s}$ 落入车 A 内，车 A 与车 B 相碰后紧接在一起运动。试求两车共同的速度。摩擦忽略不计。

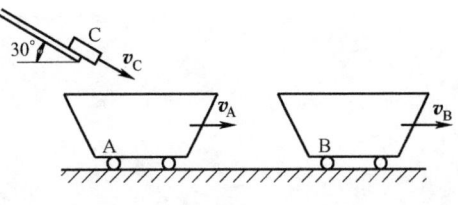

图 9-3

习题 9-5 平台车质量 $m_1 = 500\text{kg}$，可沿水平轨道运动。平台车上站有一人，质量 $m_2 = 70\text{kg}$，车与人以共同速度 $\boldsymbol{v}_0$ 向右运动。如果人相对平台车以速度 $v_r = 2\text{m/s}$ 向左方跳出，不计平台车水平方向的阻力与摩擦，试问，平台车增加的速度为多少？

习题 9-6 如图 9-4 所示，质量为 m_1 的平台 AB 放于水平面上，平台与水平面间的动摩擦因数为 μ。质量为 m_2 的小车 D，由绞车拖动，相对于平台的运动规律为 $s = 0.5bt^2$，其中 b 为常数。不计绞车的质量，试求平台的加速度。

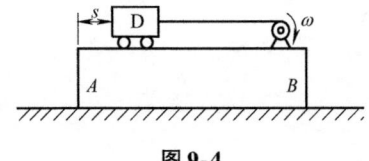

图 9-4

习题 9-7 在图 9-5 所示机构中，鼓轮 A 质量为 m_1，转轴 O 为其质心。重物 B 的质量为 m_2，重物 C 的质量为 m_3。斜面光滑，倾角为 θ。已知重物 B 的加速度为 a，试求轴承 O 处的约束力。

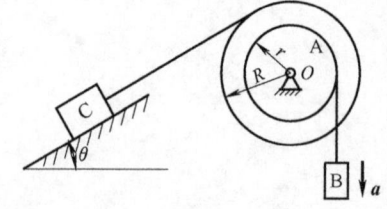

图 9-5

专业 _____ 班级 _____ 学号 _____ 姓名 _____

习题 9-8 如图 9-6 所示，质量为 m 的滑块可以在水平光滑槽中运动，刚度系数为 k 的弹簧一端与滑块相连，另一端固定。杆 AB 长为 l，质量可忽略不计，A 端与滑块铰接，B 端装有质量为 m_1 的小球，在铅垂面内绕 A 点转动，设在力偶 M 作用下转动角速度 ω 为常数。试求滑块的运动微分方程。

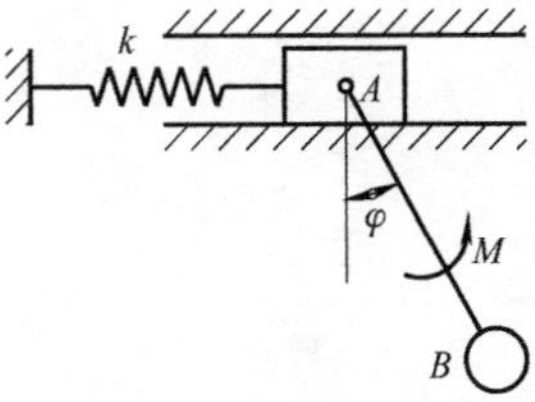

图 9-6

习题 9-9 如图 9-7 所示,均质杆 OA 长 $2l$,质量为 m,绕着通过 O 端的水平轴在铅直面内转动,当转到与水平线成 φ 角时,角速度与角加速度分别为 ω 及 α。试求此时 O 端的约束力。

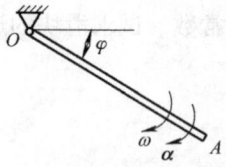

图 9-7

习题 9-10 在图 9-8 所示的曲柄滑杆机构中，曲柄 OA 以等角速度 ω 绕 O 轴转动，开始时，曲柄 OA 水平向右。已知曲柄质量为 m_1，滑块 A 的质量为 m_2，滑杆的质量为 m_3，曲柄的质心在 OA 的中点，$OA = l$，滑杆的质心在 C 点，而 $BC = l/2$。试求：（1）机构质心的运动方程；（2）作用在 O 点的最大水平力。

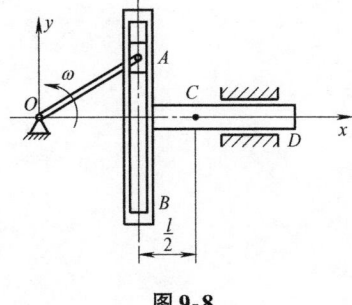

图 9-8

习题 9-11 如图 9-9 所示的浮动起重机举起质量为 $m_1 = 2000\text{kg}$ 的重物。设起重机质量为 $m_2 = 20000\text{kg}$,杆长 $OA = 8\text{m}$,开始时与铅直位置成 $60°$ 角。水的阻力与杆重均略去不计。当起重杆 OA 转到与铅垂位置成 $30°$ 角时,试求起重机的水平位移。

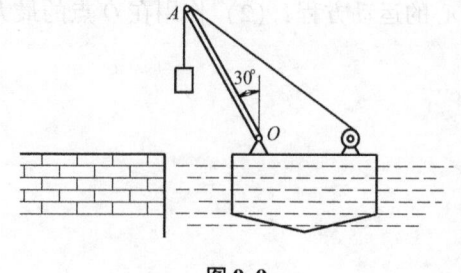

图 9-9

专业 _____ 班级 _____ 学号 _____ 姓名 _____

习题 9-12 如图 9-10 所示，均质杆 AB 长 l，直立在光滑的水平面上，试求它从铅垂位置无初速地倒下时，端点 A 相对图示坐标系的轨迹。

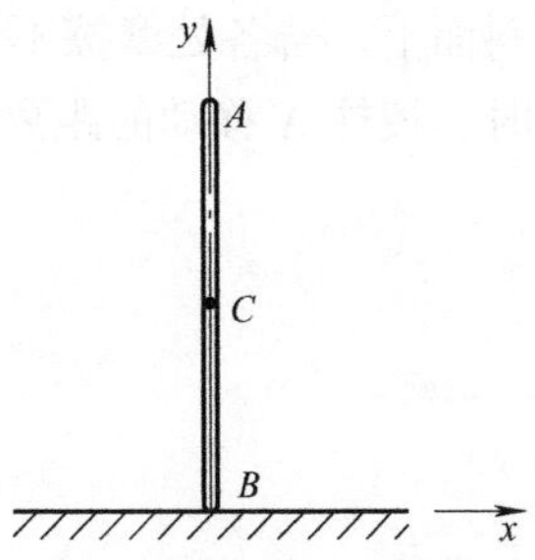

图 9-10

习题 9-13　如图 9-11 所示，两个三棱柱 A、B 的质量分别为 m_A 和 m_B，$m_A = 3m_B$，横截面均为直角三角形，其尺寸如图所示。棱柱 A 放在水平面上，棱柱 B 放在棱柱 A 的斜面上。若各处摩擦不计，初始时系统静止。试求当棱柱 B 沿棱柱 A 滑下接触到水平面时，棱柱 A 移动的距离。

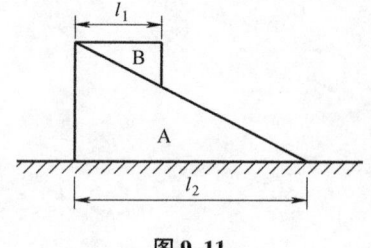

图 9-11

习题 9-14 如图 9-12 所示，两个三棱柱 A、B 的质量分别为 m_A 和 m_B，$m_A = 3m_B$，横截面均为直角三角形，其尺寸如图所示。棱柱 A 放在水平面上，棱柱 B 放在棱柱 A 的斜面上。若各处摩擦不计，初始时系统静止，试求棱柱 A 运动的加速度及地面的支持力。

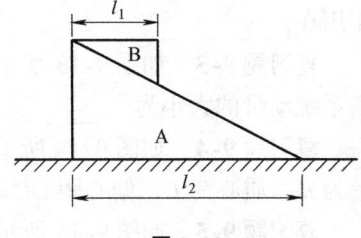

图 9-12

复习题

复习题 9-1 质点的动量是＿＿＿＿量，它的大小为＿＿＿＿＿，方向＿＿＿＿＿，作用在＿＿＿＿＿＿。

复习题 9-2 力的冲量是＿＿＿＿量，它的大小为＿＿＿＿＿，方向＿＿＿＿＿，作用在＿＿＿＿＿＿。

复习题 9-3 如图 9-13 所示，质量为 m 的均质杆长度为 l，绕铰链 O 以角速度 ω 转动，则系统动量的大小为＿＿＿＿。

复习题 9-4 如图 9-14 所示，半径为 R 的非均质圆盘以角速度 ω 绕 O 轴转动，圆盘质量为 m，质心为 C，偏心距 $OC = a$，则系统动量的大小为＿＿＿＿。

复习题 9-5 如图 9-15 所示，半径为 R 的非均质圆盘在光滑水平面上以角速度 ω 做纯滚动，圆盘质量为 m，质心为 C，偏心距 $OC = a$，则系统动量的大小为＿＿＿＿＿。

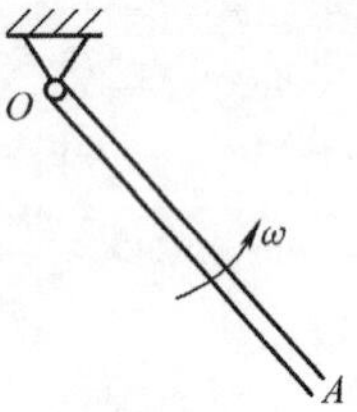

图 9-13 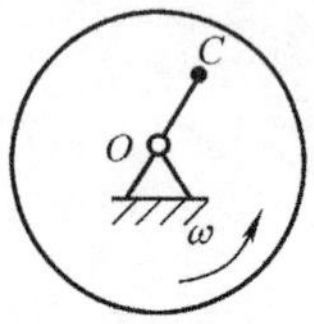   图 9-14 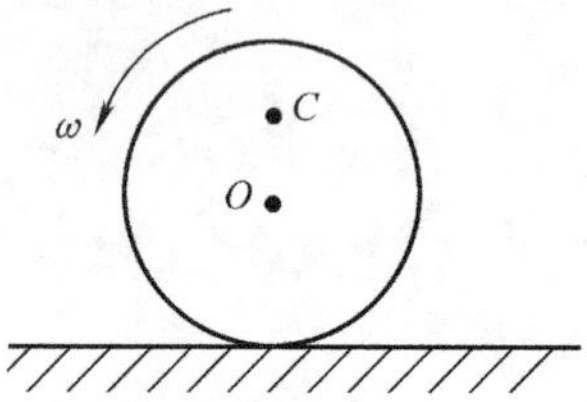   图 9-15

复习题 9-6 如图 9-16 所示，半径为 R 的均质圆盘在光滑水平面上以角速度 ω 做纯滚动，圆盘质量为 m，质心在圆心 O 处，则系统动量的大小为＿＿＿＿＿。

复习题 9-7 在如图 9-17 所示的四连杆机构中，各均质杆长度为 $O_1A = O_2B = AB = 20\text{cm}$，它们的质量均为 $m = 1\text{kg}$。在图示瞬时，O_1A 杆转动的角速度 $\omega = \sqrt{2}\text{rad/s}$，$O_1A$ 与 O_2B 两杆的倾角均为 $45°$，此时该机构动量的大小为＿＿＿＿。

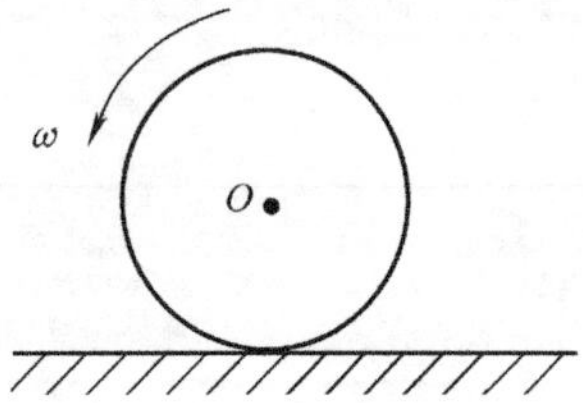

图 9-16 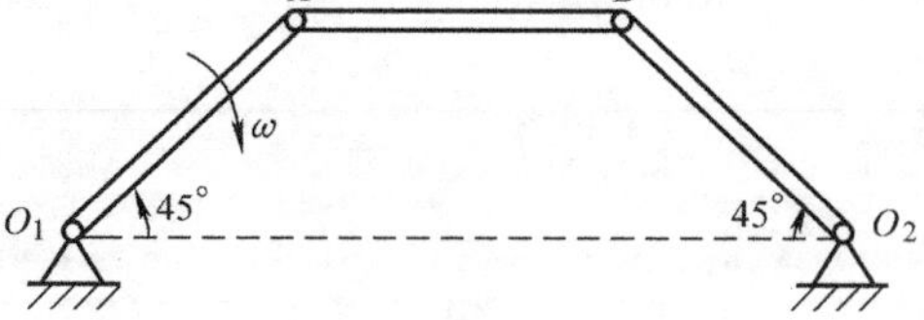   图 9-17

复习题 9-8 无重圆环半径为 r，环内一质量为 m 的质点相对圆环运动，在如图 9-18 所示瞬时，其相对速度为 v_r，圆环转动加速度为 ω，则质点的动量大小为＿＿＿＿＿。

复习题 9-9 在图 9-19 所示的系统中，两重物 A 和 B 的质量分别为 m_A 和 m_B，匀质滑轮 D 和 E 的质量分别为 m_D 和 m_E。已知重物 B 下降的加速度为 a，不计绳索质量，则轴承 O 处的约束力为＿＿＿＿＿＿＿＿＿＿＿＿＿＿＿＿＿＿＿＿＿＿＿＿＿＿＿。

复习题 9-10 如图 9-20 所示，两个相同的均质圆盘放在光滑水平面上，在圆盘的不同位置上各作用一水平力 F 和 F'，使圆盘由静止开始运动，设 $F = F'$，试问哪个圆盘的质心运动得快？＿＿＿＿＿。

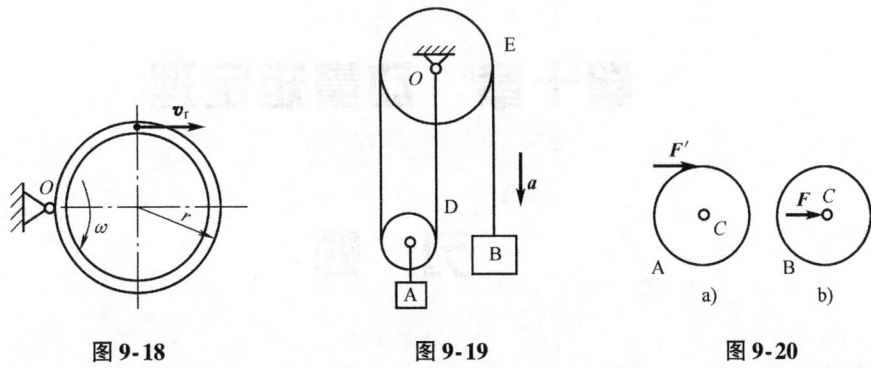

图 9-18　　　　　图 9-19　　　　　图 9-20

复习题 9-11　系统内质点间相互作用的内力之矢量和为_____。

复习题 9-12　一人静止站在磅秤上，秤上的指针在某数值上。在人突然下蹲的瞬时，磅秤上的读数_____。（填"增大"或"减小"或"不变"）

复习题 9-13　人在非常光滑的地面上走路很困难，这是因为水平方向上外力几乎为零，人的质心趋向于静止的缘故。这是用_____解释的。

复习题 9-14　质点动量守恒的条件是_____。

复习题 9-15　在某一段有限时间间隔内，质点系的动量在某一坐标轴上投影的改变，等于作用在质点系上的_____在同一时间间隔内的_____在同一轴上投影的代数和。

复习题 9-16　质量中心的坐标公式为_____，一般情况下质量中心与重心_____。

第十章 动量矩定理

习 题

专业 _____ 班级 _____ 学号 _____ 姓名 _____

习题 10-1 质量为 m 的质点在平面 Oxy 内运动,其运动方程为 $x = a\cos\omega t$,$y = b\sin 2\omega t$,其中 a,b 和 ω 均为常量。试求质点对坐标原点 O 的动量矩。

专业_____ 班级_____ 学号_____ 姓名_____

习题10-2 C，D 两球质量均为 m，用长为 $2l$ 的杆连接，并将其中点固定在轴 AB 上，杆 CD 与轴 AB 的夹角为 θ，如图 10-1 所示。如果轴 AB 以角速度 ω 转动，试求下列两种情况下系统对 AB 轴的动量矩：(1) 杆重忽略不计；(2) 杆为均质杆，质量为 $2m$。

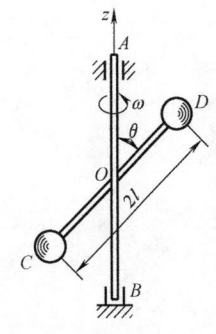

图 10-1

专业 _____ 班级 _____ 学号 _____ 姓名 _____

习题 10-3 试求图 10-2 所示各均质物体对其转轴的动量矩。已知各物体质量均为 m。

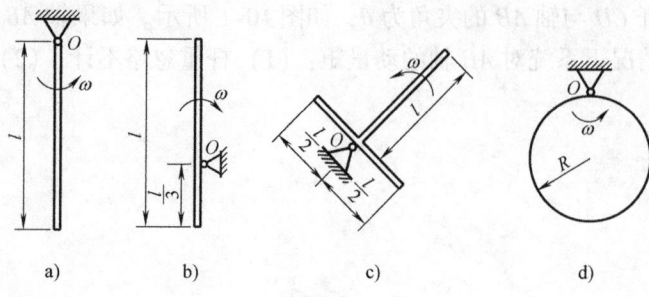

图 10-2

习题 10-4 如图 10-3 所示，均质三角形薄板的质量为 m，高为 h，试求对底边的转动惯量 J_x。

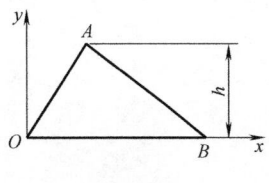

图 10-3

习题 10-5 三根相同的均质杆用光滑铰链连接，质量均为 m，杆长均为 l，如图 10-4 所示。试求其对与 ABC 所在平面垂直的质心轴的转动惯量。

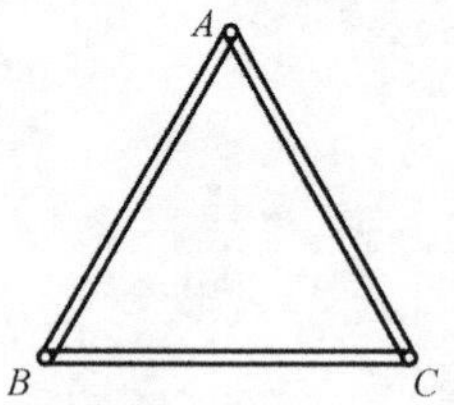

图 10-4

专业 _____ 班级 _____ 学号 _____ 姓名 _____

习题 10-6 如图 10-5 所示，物体以角速度 ω 绕 O 轴转动，试求物体对于 O 轴的动量矩。(1) 半径为 R、质量为 m 的均质圆盘，在中央挖去一边长为 R 的正方形，如图 10-5a 所示。(2) 边长为 $4a$、质量为 m 的正方形钢板，在中央挖去一半径为 a 的圆，如图 10-5b 所示。

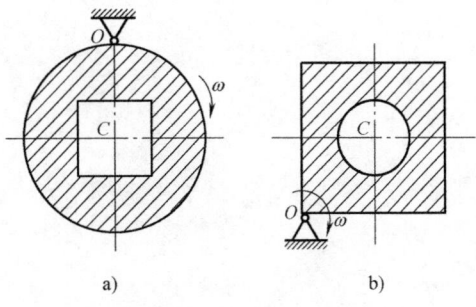

图 10-5

习题 10-7 如图 10-6 所示，质量为 m 的偏心轮在水平面上做平面运动。轮子轴心为 A，质心为 C，$AC=e$，轮子半径为 R，对轴心 A 的转动惯量为 J_A，C、A、B 三点在同一直线上。试求下列两种情况下轮子的动量和对地面上 B 点的动量矩：（1）当轮子纯滚动时，已知 v_A；（2）当轮子既滚动又滑动时，已知 v_A，ω。

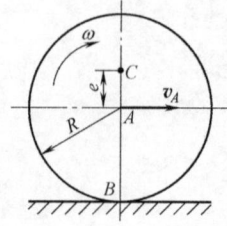

图 10-6

习题 10-8 曲柄以匀角速度 ω 绕 O 轴转动，通过连杆 AB 带动滑块 A 与 B 分别在铅垂和水平滑道中运动，如图 10-7 所示。已知 $OC = AC = BC = l$，曲柄质量为 m，连杆质量为 $2m$，试求系统在图示位置时对 O 轴的动量矩。

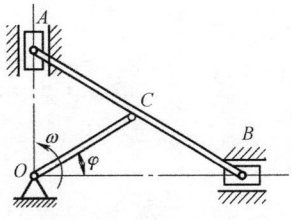

图 10-7

习题 10-9 如图 10-8 所示的小球 A，质量为 m，连接在长为 l 的无重杆 AB 上，放在盛有液体的容器中。杆以初角速度 ω_0 绕 O_1O_2 轴转动，小球受到的与速度反向的液体阻力的大小 $F=km\omega$，k 为比例常数。问经过多少时间，角速度 ω 降至初角速度的一半？

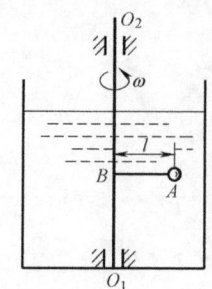

图 10-8

习题 10-10 水平圆盘可绕 z 轴转动。在圆盘上有一质量为 m 的质点 M 做圆周运动，已知其速度大小 $v_0 =$ 常量，圆的半径为 r，圆心到 z 轴的距离为 l，M 点在圆盘上的位置由 φ 角确定，如图 10-9 所示。如果圆盘的转动惯量为 J，并且当点 M 离 z 轴最远（在点 M_0）时，圆盘的角速度为零。轴的摩擦和空气阻力略去不计，试求圆盘的角速度与 φ 角的关系。

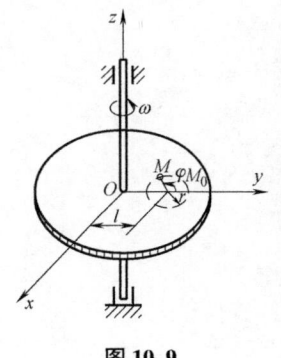

图 10-9

习题 10-11 两个质量分别为 m_1 和 m_2 的重物 M_1 和 M_2 分别系在绳子的两端，如图 10-10 所示。两绳分别绕在半径为 r_1 和 r_2 并固连在一起的两鼓轮上，设两鼓轮对 O 轴的转动惯量为 J_O，试求鼓轮的角加速度。

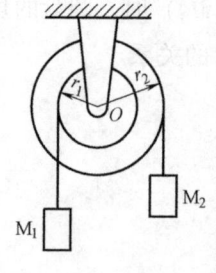

图 10-10

习题 10-12 如图 10-11 所示，为求半径 $R=0.5\text{m}$ 的飞轮 A 对于通过其重心轴的转动惯量，在飞轮上绕以细绳，绳的末端系一质量为 $m_1=8\text{kg}$ 的重锤 M，重锤自高度 $h=2\text{m}$ 处落下，测得落下时间 $t_1=16\text{s}$。为消去轴承摩擦的影响，再用质量为 $m_2=4\text{kg}$ 的重锤做第二次试验，此重锤自同一高度落下的时间 $t_2=25\text{s}$。假定摩擦力矩为一常数，且与重锤的重量无关，试求飞轮的转动惯量和轴承的摩擦力矩。

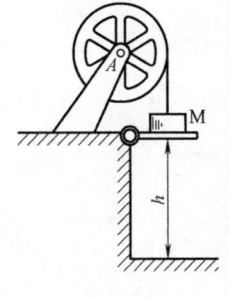

图 10-11

习题 10-13 通风机叶轮对中心轴的转动惯量为 J，以初角速度 ω_0 绕其中心轴转动，如图 10-12 所示。设空气阻力矩与角速度成正比，方向相反，即 $M = -k\omega$，k 为常数，试求在阻力作用下，经过多少时间角速度减少一半？在此时间间隔内叶轮转了多少转？

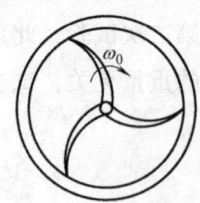

图 10-12

习题 10-14 两均质细杆 OC 和 AB 的质量分别为 50kg 和 100kg，在 C 点互相垂直焊接起来。若在图 10-13 所示位置由静止释放，试求释放瞬时铰支座 O 的约束力。铰支座 O 处的摩擦忽略不计。

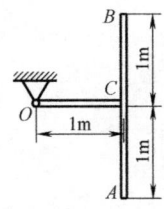

图 10-13

习题 10-15 质量为 100kg、半径为 1m 的均质圆轮,以转速 $n=120\text{r/min}$ 绕 O 轴转动,如图 10-14 所示。设有一常力 F 作用于闸杆,轮经 10s 后停止转动。已知摩擦因数 $\mu=0.1$,试求力 F 的大小。

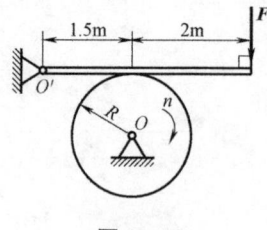

图 10-14

习题 10-16　在如图 10-15 所示的带传动系统中，已知主动轮半径为 R_1、质量为 m_1，从动轮半径为 R_2、质量为 m_2，两轮以带相连接，分别绕 O_1 和 O_2 轴转动，在主动轮上作用有力偶矩为 M 的主动力偶，从动轮上的阻力偶矩为 M'。带轮可视为均质圆盘，带质量不计，带与带轮间无滑动。试求主动轮的角加速度。

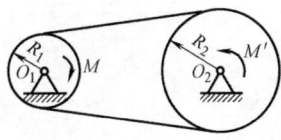

图 10-15

习题 10-17 如图 10-16 所示，电绞车提升一质量为 m 的物体，在其主动轴上作用有一矩为 M 的主动力偶。已知主动轴和从动轴连同安装在这两轴上的齿轮以及其他附属零件的转动惯量分别为 J_1 和 J_2，传动比 $z_2:z_1=i$，吊索缠绕在鼓轮上，鼓轮半径为 R。设轴承的摩擦和吊索的质量均略去不计，试求重物的加速度。

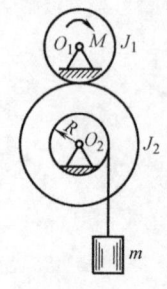

图 10-16

习题 10-18 半径为 R、质量为 m 的均质圆盘,沿倾角为 θ 的斜面做纯滚动,如图 10-17 所示。不计滚动阻碍,试求:(1)圆轮质心的加速度;(2)圆轮在斜面上不打滑的最小静摩擦因数。

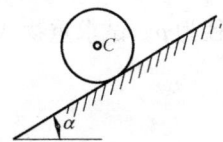

图 10-17

习题10-19 重物 A 质量为 m_1，系在绳子上，绳子跨过不计质量的定滑轮 D，并绕在鼓轮 B 上，如图 10-18 所示。由于重物下降，带动轮 C 沿水平轨道滚动而不滑动。设鼓轮半径为 r，轮 C 的半径为 R，两者固连在一起，总质量为 m_2，对于其水平轴 O 的回转半径为 ρ。试求重物 A 的加速度。

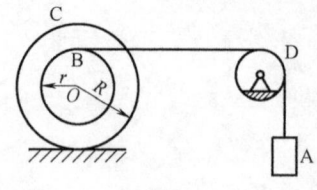

图 10-18

习题 10-20　半径为 r 的均质圆柱体质量为 m，放在粗糙的水平面上，如图 10-19 所示。设其中心 C 的初速度为 v_0，方向水平向右，同时圆柱沿图示方向转动，其初角速度为 ω_0，且有 $r\omega_0 < v_0$。如果圆柱体与水平面的静摩擦因数为 μ，问经过多少时间，圆柱体才能只滚不滑地向前运动？并求该瞬时圆柱体中心的速度。

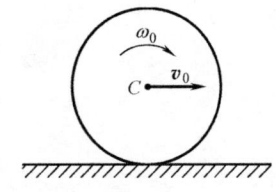

图 10-19

习题 10-21 如图 10-20 所示，长为 l、质量为 m 的均质杆 AB 一端系在细索 BE 上，另一端放在光滑平面上，当细索铅直而杆静止时，杆对水平面的倾角 $\varphi = 45°$，现细索突然断掉，试求杆 A 端的约束力。

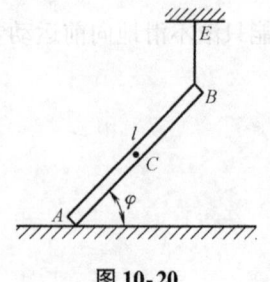

图 10-20

习题10-22 如图10-21所示的均质长方体质量为50kg,与地面间的动摩擦因数为0.2,在力 *F* 作用下向右滑动。试求:(1)不倾倒时力 *F* 的最大值;(2)此时长方体的加速度。

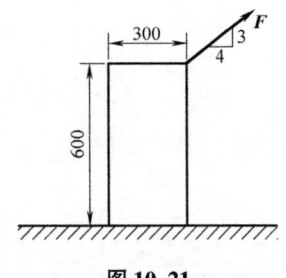

图 10-21

习题 10-23 如图 10-22 所示的均质长方形板放置在光滑水平面上。若点 B 的支承面突然移开，试求此瞬时点 A 的加速度。

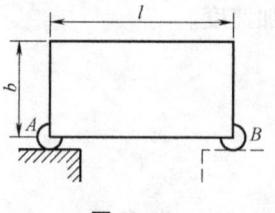

图 10-22

习题 10-24 均质细长杆 AB 的质量为 m，长为 l，$CD = d$，与铅垂墙间的夹角为 θ，D 棱是光滑的。在图 10-23 所示位置将杆突然释放，试求刚释放时，质心 C 的加速度和 D 处的约束力。

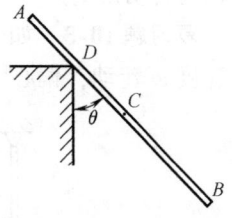

图 10-23

复习题

复习题 10-1 物体的转动惯量等于该物体的质量与_____的乘积。

复习题 10-2 如图 10-24 所示，长为 l、质量为 m 的两直杆焊接成丁字形，那么该杆对 O 轴的转动惯量为_____。设杆的质量是均匀分布的。

复习题 10-3 如图 10-25 所示，均质圆盘重为 W，半径为 r，圆心为 C，绕偏心轴 O 以角速度 ω 转动，偏心距 $OC = e$，则圆盘对固定轴 O 的动量矩为_____。

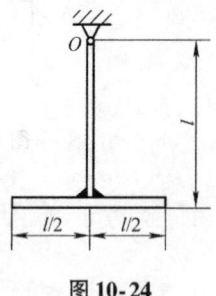

图 10-24

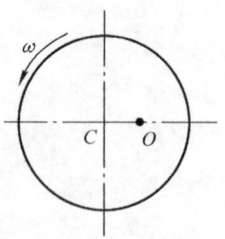

图 10-25

复习题 10-4 如图 10-26 所示，均质正方形刚体 $ABCD$ 的质量为 m，边长为 b，对质心的转动惯量为 $J_O = \dfrac{1}{2}mb^2$，已知 C 的速度 $v_C = v$，则刚体对转轴 A 的动量矩大小为_____。

复习题 10-5 如图 10-27 所示，质量为 m、半径为 r 的均质圆盘沿水平面做纯滚动，轮心 C 的速度为 v，轮对平面接触点 D 的动量矩为_____。

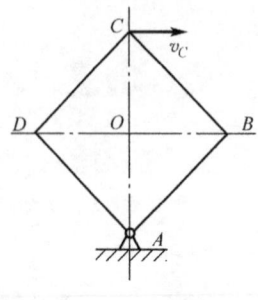

图 10-26

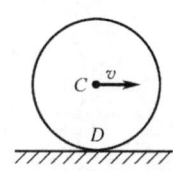

图 10-27

复习题 10-6 如图 10-28 所示，均质 L 形刚杆的质量为 m，在铅垂面内以 ω 绕 O 轴转动，则它对 O 轴的动量矩为_____。

复习题 10-7 如图 10-29 所示，均质圆板半径为 R，挖出一半径为 r 的圆孔，且 $r = R/2$。若圆板密度为 ρ，则对 O 轴的动量矩为_____。

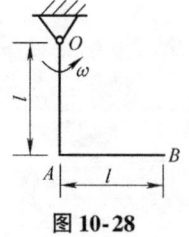

图 10-28

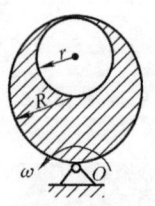

图 10-29

复习题 10-8 如图 10-30 所示，均质圆盘半径为 R，质量为 m，细杆 OA 长为 $l = 2R$，质量不计。OA 以 ω 绕 O 轴转动。

(a) 当圆盘固结于杆上时，系统对 O 轴的动量矩为_____。

(b) 当圆盘以 ω 相对于 OA 杆逆时针转动时，系统对 O 轴的动量矩为_____。

(c) 当圆盘以 ω 相对于 OA 杆顺时针转动时，系统对 O 轴的动量矩为_____。

复习题 10-9 对点的动量矩与对轴的动量矩的关系为_____。

复习题 10-10 动量矩定理 $\dfrac{\mathrm{d}\boldsymbol{L}_O}{\mathrm{d}t} = \sum M_O(\boldsymbol{F}^e)$ 成立的条件是_____。

复习题 10-11 如图 10-31 所示，半径为 R、重为 W 的均质圆盘静止地放在粗糙水平面

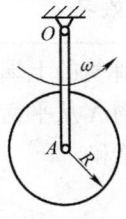

图 10-30

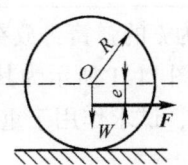

图 10-31

上，动摩擦因数为 μ，不计滚动摩擦。今在圆盘上作用一水平力 F，该力到 O 点的距离为 e。欲使圆盘只移动而不滚动，F 应满足的条件是_____。

复习题 10-12 如图 10-32 所示，均质细杆 AB 重 W、长 l，用两根不可伸长的细绳悬挂成水平位置。今突然剪断右边的细绳，则该瞬时杆 AB 的角加速度为_____。

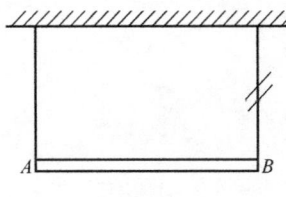

图 10-32

第十一章 动能定理

习 题

专业 _____ 班级 _____ 学号 _____ 姓名 _____

习题 11-1 一刚度系数为 k 的弹簧，放在倾角为 θ 的斜面上。弹簧的上端固定，下端与质量为 m 的物块 A 相连，图 11-1 所示为其平衡位置。如果使重物 A 从平衡位置沿斜面向下移动距离 s，不计摩擦力，试求作用于重物 A 上所有力的功的总和。

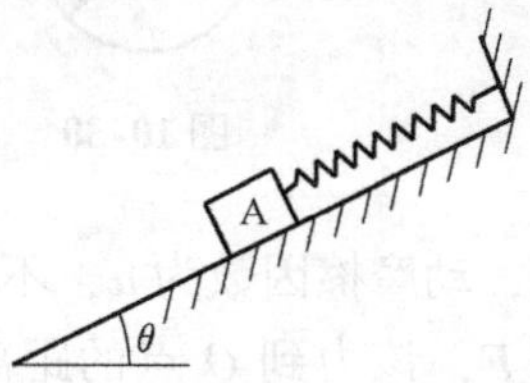

图 11-1

专业 _____ 班级 _____ 学号 _____ 姓名 _____

习题 11-2 如图 11-2 所示，在半径为 r 的卷筒上作用一力偶矩 $M = a\varphi + b\varphi^2$，其中 φ 为转角，a 和 b 为常数。卷筒上的绳索拉动水平面上的重物 B。设重物 B 的质量为 m，它与水平面之间的动摩擦因数为 μ。不计绳索质量。当卷筒转过两圈时，试求作用于系统上所有力的功的总和。

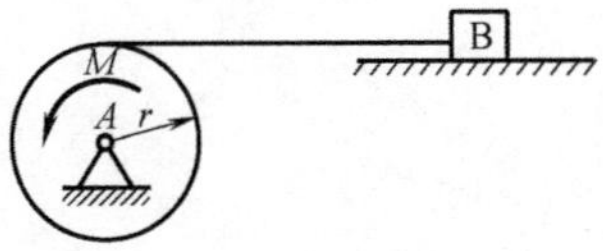

图 11-2

习题 11-3 均质杆 OA 长 l,质量为 m,绕着球形铰链 O 的铅垂轴以匀角速度 ω 转动,如图 11-3 所示。如果杆与铅垂轴的夹角为 θ,试求杆的动能。

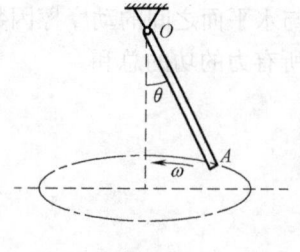

图 11-3

习题 11-4 质量为 m_1 的滑块 A 沿水平面以速度 v 移动，质量为 m_2 的物块 B 沿滑块 A 以相对速度 u 滑下，如图 11-4 所示。试求系统的动能。

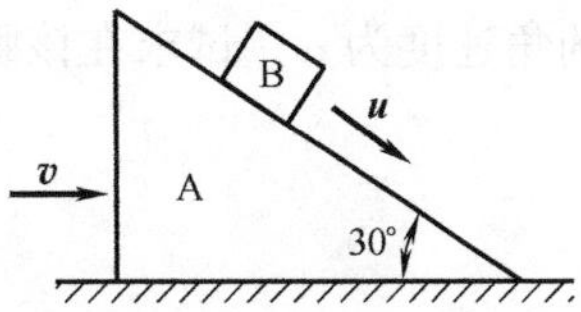

图 11-4

习题 11-5 如图 11-5 所示,滑块质量为 m_1,在滑道内滑动,其上铰接一均质直杆 AB,杆 AB 长为 l,质量为 m_2。当杆 AB 与铅垂线的夹角为 φ 时,滑块的速度为 v_A,杆 AB 的角速度为 ω。试求在该瞬时系统的动能。

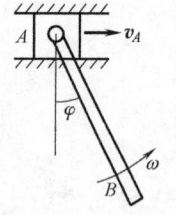

图 11-5

专业＿＿＿＿＿ 班级＿＿＿＿＿ 学号＿＿＿＿＿ 姓名＿＿＿＿＿

习题 11-6 椭圆规尺在水平面内运动，设曲柄和椭圆规尺都是均质细杆，其质量分别为 m_1 和 $2m_1$，且 $OC = AC = BC = l$，如图 11-6 所示。滑块 A 和 B 的质量都等于 m_2。如果作用在曲柄上的力偶矩为 M，不计摩擦，试求曲柄的角加速度。

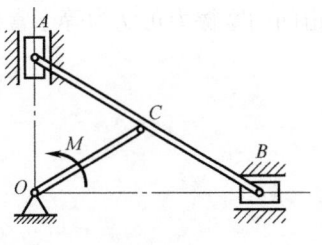

图 11-6

习题 11-7　曲柄导杆机构在水平面内，曲柄 OA 上作用有一力偶矩为 M 的常力偶，如图 11-7 所示。若初始瞬时系统处于静止，且 $\angle AOB = \pi/2$，试问，当曲柄转过一圈后，获得多大的角速度？设曲柄质量为 m_1，长为 r 且为均质细杆，导杆质量为 m_2，导杆与滑道间的摩擦力可认为等于常值 F，不计滑块 A 的质量。

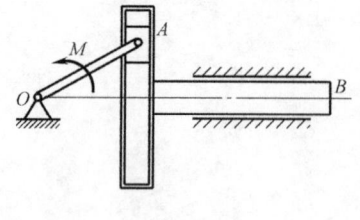

图 11-7

习题 11-8 半径为 R、圆心为 A、质量为 m_1 的均质圆盘放在水平面上,如图 11-8 所示。绳子的一端系在圆盘中心 A,另一端绕过均质滑轮 C 后挂有重物 B。已知滑轮 C 的半径为 r,质量为 m_2;重物 B 的质量为 m_3。绳子不可伸长,不计质量。圆盘做纯滚动,不计滚动摩擦。系统从静止开始运动,试求当重物 B 下落的距离为 h 时,圆盘中心的速度和加速度。

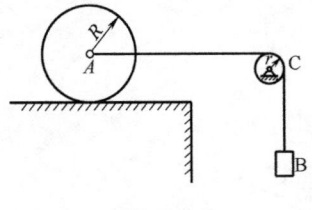

图 11-8

习题 11-9 图 11-9 所示的链条传运机,其链条与水平线的夹角为 θ,在链轮 B 上作用一力偶矩为 M 的力偶,传运机从静止开始运动。已知被提升重物 A 的质量为 m_1,链轮 B、C 的半径均为 r,质量均为 m_2,且可看成均质圆柱。试求传运机链条的速度,以其位移 s 表示,不计链条的质量。

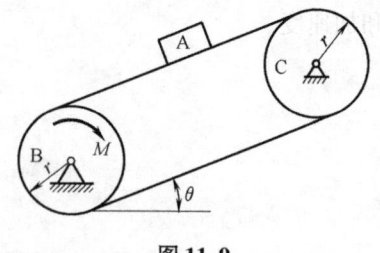

图 11-9

习题 11-10 如图 11-10 所示，质量为 m_1 的直杆 AB 可以自由地在固定铅垂滑道中移动，杆的下端置于质量为 m_2、倾角为 θ 的光滑的楔块 C 上，楔块又放在光滑的水平面上。由于杆的压力，楔块水平向右运动，因而杆下降，试求两物体的加速度。

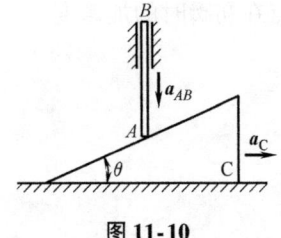

图 11-10

习题11-11 如图11-11所示,均质细杆长为l,质量为m_1,上端B靠在光滑的墙上,下端A用铰链与圆柱的中心相连。圆柱质量为m_2,半径为R,放在粗糙的地面上,自图示位置由静止开始滚动而不滑动。如果杆与水平线的夹角$\theta=45°$,不计滚动摩擦,试求A点在初瞬时的加速度。

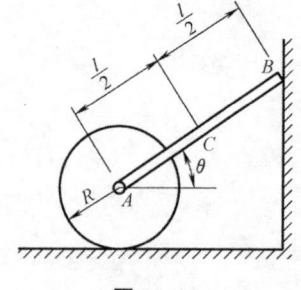

图 11-11

习题 11-12 如图 11-12 所示，绳索的一端 E 固定，绕过动滑轮 D 与定滑轮 C 后，另一端与重物 B 连接。已知重物 A 和 B 的质量均为 m_1，滑轮 C 和 D 的质量均为 m_2，且均为均质圆盘，重物 B 与水平面间的动摩擦因数为 μ。如果重物 A 开始时向下的速度为 v_0，试问重物 A 下落多大距离时，其速度将增加一倍？

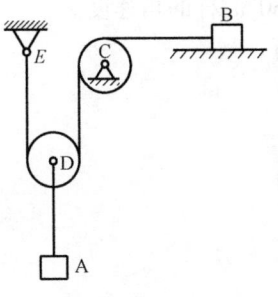

图 11-12

习题 11-13 如图 11-13 所示，均质直杆 AB 重 100N，长 $AB=200$mm，两端分别用铰链与两滑块 A，B 连接，滑块 A 与一刚度系数为 $k=2$N/mm 的弹簧相连，杆与水平线的夹角为 β，当 $\beta=0°$ 时弹簧为原长。摩擦与滑块 A，B 的质量均不计。试求：（1）当杆自 $\beta=0°$ 处无初速地释放时，弹簧的最大伸长量；（2）当杆在 $\beta=60°$ 处无初速地释放时，在 $\beta=30°$ 时杆的角速度。

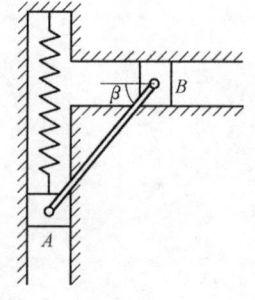

图 11-13

习题 11-14 在图 11-14 所示的系统中，物块 M 和滑轮 A，B 的质量均为 m，且滑轮可视为均质圆盘，弹簧的刚度系数为 k，不计轴承摩擦，绳与轮之间无滑动。当物块 M 离地面的距离为 h 时，系统处于平衡。现在给物块 M 以向下的初速度 v_0，使它恰能到达地面，试求物块 M 的初速度的大小 v_0。

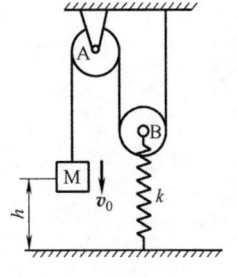

图 11-14

习题 11-15　两均质直杆长均为 l，质量均为 m，在 B 处用铰链连接，并可在图 11-15 所示的铅垂平面内运动，AB 杆上作用有一力偶矩为 M 的常力偶。如果在图示位置从静止释放，试求当 A 端碰到支座 O 时，A 端的速度 v_A。

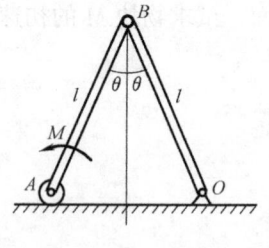

图 11-15

习题 11-16 质点在变力 $F = 60t\boldsymbol{i} + (180t^2 - 10)\boldsymbol{j} - 120\boldsymbol{k}$ 的作用下沿空间曲线运动，其矢径 $\boldsymbol{r} = (2t^3 + t)\boldsymbol{i} + (3t^4 - t^2 + 8)\boldsymbol{j} - 12t^2\boldsymbol{k}$，试求力 F 的功率。

习题 11-17 如图 11-16 所示，汽车上装有一可翻转的车箱，内装有 $5m^3$ 的砂石，砂石的密度为 $2296kg/m^3$。车箱装砂石后重心 C 与翻转轴 A 的水平距离为 1m，铅垂距离为 0.7m。若使车箱绕 A 轴翻转的角速度为 $0.06rad/s$，试求当砂石倾倒时所需要的最大功率。

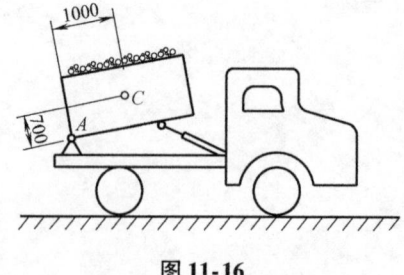

图 11-16

专业 _____　班级 _____　学号 _____　姓名 _____

习题 11-18　一载重汽车总重 100kN，当它在水平路面上直线行驶时，空气阻力 $F_R = 0.001v^2$（v 以 m/s 计，F_R 以 kN 计），其他阻力相当于车重的 0.016 倍。设机械的总效率为 $\eta_m = 0.85$。试求此汽车以 54km/h 的速度行驶时，发动机应输出的功率。

专业 _____ 班级 _____ 学号 _____ 姓名 _____

习题 11-19 均质直杆 AB 的质量 $m=1.5\text{kg}$，长度 $l=0.9\text{m}$，在图 11-17 所示水平位置时从静止释放，试求当杆 AB 经过铅垂位置时的角速度及支座 A 的约束力。

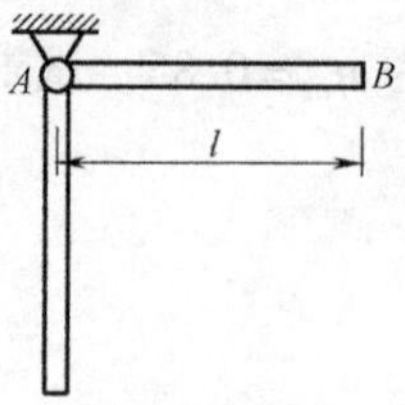

图 11-17

专业_____ 班级_____ 学号_____ 姓名_____

习题 11-20　如图 11-18 所示，已知均质圆柱的半径为 0.2m，质量为 10kg，滑块的质量为 5kg，它与斜面间的动摩擦因数 $\mu=0.2$，圆柱只做纯滚动，系统由静止开始运动。试求圆柱、滑块沿斜面向下运动 10m 时滑块的速度和加速度，以及杆 AB 所受的力。不计杆 AB 的质量。

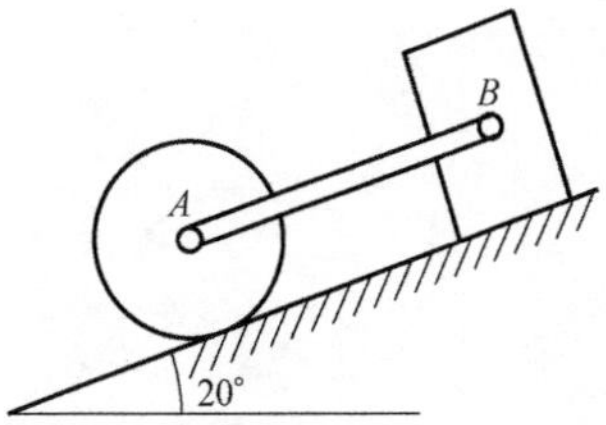

图 11-18

习题 11-21 均质圆柱体 A 的质量为 m，在外圆上绕以细绳，绳的一端 B 固定不动，如图 11-19 所示。圆柱体因解开绳子而下降，其初速度为零。试求当圆柱体的质心降落了高度 h 时质心的速度、加速度和绳子的张力。

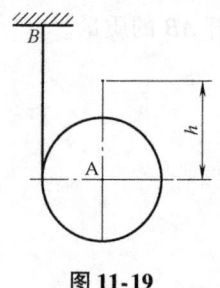

图 11-19

习题 11-22 两个相同的滑轮，半径均为 R，质量均为 m，用绳缠绕连接如图 11-20 所示。可视两滑轮为均质圆盘。如果系统由静止开始运动，试求：（1）动滑轮质心 C 下落距离 h 时的速度、加速度及 AB 段绳子的拉力；（2）若在定滑轮上作用一逆时针转向、力偶矩为 M 的力偶，试问在什么条件下动滑轮质心 C 的加速度将向上？

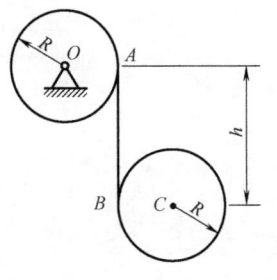

图 11-20

习题 11-23 如图 11-21 所示的均质细杆 AB，长为 l，质量为 m，放在铅直面内，杆与水平面成角 φ_0，杆的一端 A 靠在光滑的铅直墙上，另一端 B 放在光滑的水平地面上，然后杆由静止状态倒下。试求：(1) 杆在任意位置时的角速度 ω 和角加速度 α；(2) 杆脱离墙时与水平面所成的夹角 φ_1。

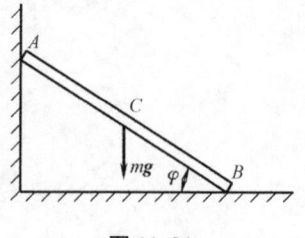

图 11-21

习题 11-24 如图 11-22 所示，均质杆 AB 质量为 m，长 $2l$，一端用长 l 的绳索 OA 拉住，另一端 B 放置在光滑地面上，B 端可沿地面滑动。开始时系统处于静止状态，绳索 OA 位于水平位置，O、B 点在同一铅垂线上。试求当绳索 OA 运动到铅垂位置时，B 点的速度 v_B 和绳索的拉力 F_T 以及地面的约束力 F_N。

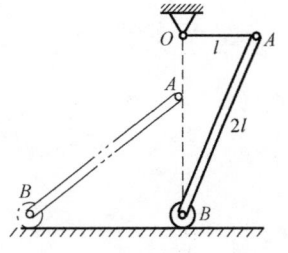

图 11-22

习题 11-25 如图 11-23 所示，均质杆 OA 重 150N，可绕垂直于图面的光滑水平轴 O 转动。杆的 A 端连有刚度系数为 $k=0.5$N/mm 的弹簧。在图示位置时，弹簧的伸长量为 100mm，杆的角速度 $\omega_0 = 2$rad/s。试求杆转过 90°时的角速度和角加速度以及铰链 O 的约束力。

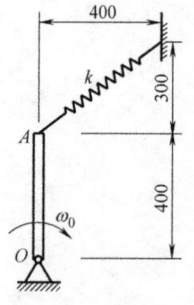

图 11-23

习题 11-26 图 11-24 所示为放在水平面内的曲柄滑道机构。曲柄 OA 长为 l,质量为 m_1,视为均质直杆。丁字形滑道连杆 BCD 的质量为 m_2,对称于 x 轴。在曲柄上施加有一力偶,其力偶矩为 M。设开始时 $\varphi_0 = 0°$,$\omega = 0$,试求当曲柄与 x 轴夹角为 φ 时,曲柄的角速度、角加速度及滑块对槽面的压力。摩擦和滑块质量均不计。

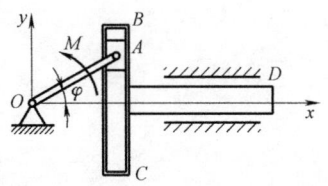

图 11-24

习题 11-27 如图 11-25 所示,重为 350N 的平板放在两个相同的圆柱体上,圆柱体半径为 r,重量为 130N,斜面倾角为 20°。今在板上作用一平行于斜面的力 F_T,设在平板与圆柱体之间以及圆柱体与斜面之间没有滑动。试求:(1) 平板以加速度 $a = 1.8 \text{m/s}^2$ 沿斜面上升时 F_T 力的大小;(2) 去掉 F_T 力后平板的加速度。

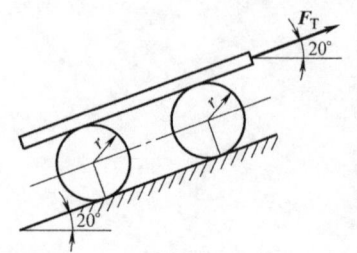

图 11-25

习题 11-28　图 11-26 所示的三棱柱 A 沿三棱柱 B 的光滑斜面滑动，A 和 B 的质量分别为 m_1 与 m_2，三棱柱 B 的斜面与水平面成 θ 角。如果开始时物体系静止，不计摩擦，试求运动时三棱柱 B 的加速度。

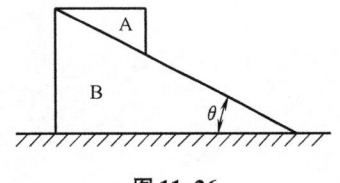

图 11-26

习题 11-29 物体 A 的质量为 m_1，沿楔状物 D 的斜面下降，同时借绕过定滑轮 C 的绳使质量为 m_2 的物体 B 上升，如图 11-27 所示。斜面与水平面成 θ 角，滑轮和绳的质量及一切摩擦均略去不计。试求楔状物 D 作用于地面凸出部分 E 的水平压力。

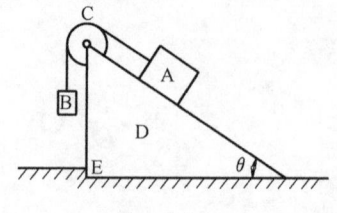

图 11-27

专业 _____ **班级** _____ **学号** _____ **姓名** _____

习题 11-30 均质杆 AB 的质量为 $m=4$kg，其两端悬挂在两条平行绳上，杆处在水平位置，如图 11-28 所示。设其中一绳突然断了，试求此瞬时另一绳的张力的大小 F。

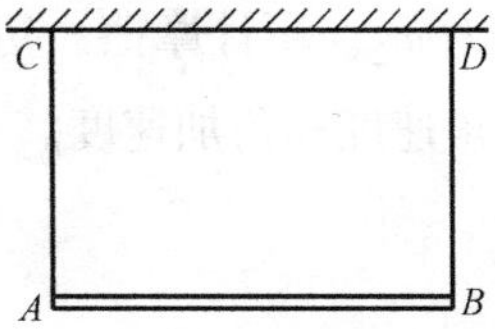

图 11-28

习题 11-31 均质细杆 OA 可绕水平轴 O 转动,另一端有一均质圆盘,圆盘可绕 A 在铅直面内自由旋转,如图 11-29 所示。已知杆 OA 长为 l,质量为 m_1,圆盘半径为 R,质量为 m_2。不计摩擦,初始瞬时杆 OA 水平,杆和圆盘静止。试求杆与水平线成 θ 角时,杆的角速度和角加速度。

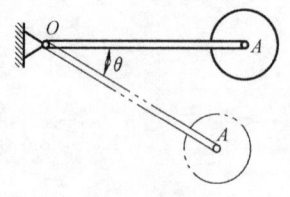

图 11-29

习题 11-32 图 11-30 所示三棱柱体 ABC 的质量为 m_1，放在光滑的水平面上，可以无摩擦地滑动。质量为 m_2 的均质圆柱体 D 由静止沿斜面 AB 向下滚动而不滑动。如果斜面的倾角为 θ，试求三棱柱体的加速度。

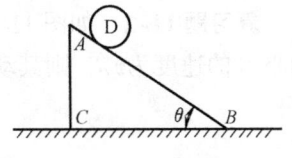

图 11-30

复习题

复习题 11-1 如图 11-31 所示，两均质圆盘与均质杆 AB 铰接，圆盘与杆质量均为 m，圆盘的半径为 r，杆 AB 的长度为 l，圆盘绕各自的转轴 O_1，O_2 转动，角速度都是 ω，则在图示瞬时，系统动量的大小为_____，动能为_____。

复习题 11-2 如图 11-32 所示的均质圆柱质量为 m，半径为 R，沿水平面做纯滚动，其轴心 C 的速度为 $\boldsymbol{v}_C$，则其动能为_____。

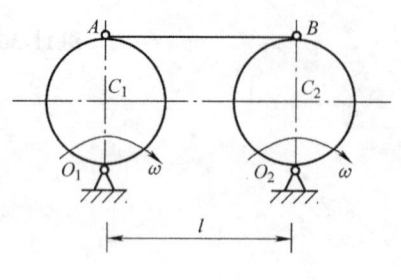

图 11-31

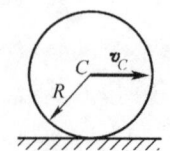

图 11-32

复习题 11-3 如图 11-33 所示，已知 $OA = OB = L$，$\omega =$ 常数，均质连杆 AB 的质量为 m，而曲柄 OA 和滑块的质量不计，则图中所示瞬时系统的动能为_____。

复习题 11-4 在图 11-34 所示的内啮合行星齿轮机构中，行星轮的质量为 m_1，半径为 r，系杆 OO_1 的质量为 m_2，长为 l。若行星轮可视为均质圆盘，系杆可视为均质细直杆，且系杆的转动规律为 $\varphi = \varphi(t)$，则系统在图示瞬时的动能为_____。

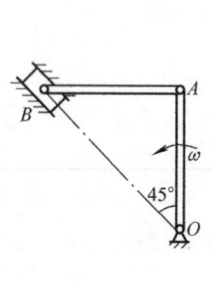

图 11-33

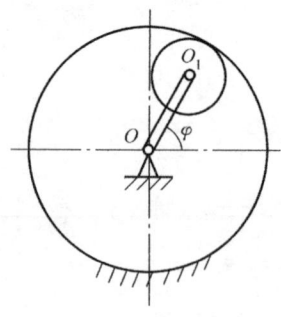

图 11-34

复习题 11-5 质量为 m、半径为 r 的均质圆盘在其自身平面内做平面运动。在图示位置时，若已知圆盘上 A，B 两点的速度方向如图 11-35 所示，B 点的速度为 $\boldsymbol{v}_B$，$\theta = 45°$，则圆盘的动能为_____。

复习题 11-6 一质量为 m、半径为 r 的均质圆轮以角速度 ω 沿水平面做纯滚动，均质杆 OA 与圆轮在轮心 O 处铰接，如图 11-36 所示。设 OA 杆长 $l = 4r$，质量 $m_{杆} = \dfrac{1}{4}m$，在图示杆与铅垂线的夹角 $\varphi = 60°$ 时，其角速度 $\omega_{OA} = \dfrac{1}{2}\omega$，则此时该系统的动能为_____。

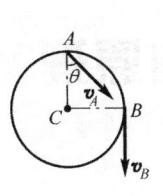 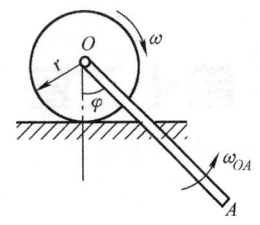

图 11-35   图 11-36

复习题 11-7 作用于转动刚体上的常值转矩的功等于该转矩与_____的乘积。

复习题 11-8 如图 11-37 所示，圆轮在力偶矩为 M 的力偶作用下沿直线轨道做纯滚动，接触处摩擦因数为 μ，圆轮重 W，半径为 R。当圆轮转过一圈时，外力所做功之和为_____。

复习题 11-9 在如图 11-38 所示系统中，已知弹簧的刚度系数 $k = 5\text{N/cm}$，原长 $l_0 = 20\text{cm}$，$OA = 40\text{cm}$，$AB = 30\text{cm}$。在滑块从 A 点运动到 B 点的过程中，弹簧力所做的功为_____。

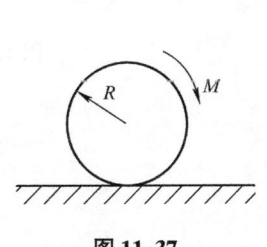 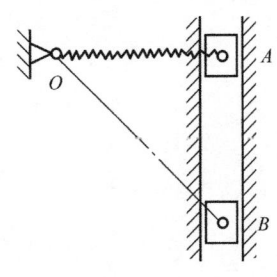

图 11-37   图 11-38

复习题 11-10 均质圆盘在水平面上做减速纯滚动时，动能由 E_{k1} 变为 E_{k2}，水平面对圆盘的摩擦力所做的功为_____。

复习题 11-11 在任一路程中质点动能的变化等于_____。

复习题 11-12 约束力做功等于零的约束称为_____。

复习题 11-13 如图 11-39 所示，质量为 m_1、半径为 r 的均质滑轮可以绕形心轴 A 无摩擦地转动，绕在滑轮上的绳子吊一质量为 m_2 的重物 B 带动滑轮由静止开始运动，则 2s 后滑轮的角速度 $\omega =$ _____。

复习题 11-14 如图 11-40 所示，重 W_1 的均质柱形滚子由静止沿倾角为 α 的斜面做纯滚动，这时，重 W_2 的手柄 OA 向前移动，忽略手柄端头的摩擦，则滚子轴 O 经过路程 s 时的速度 $v =$ _____。

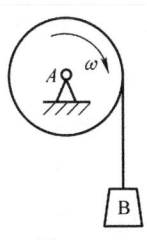 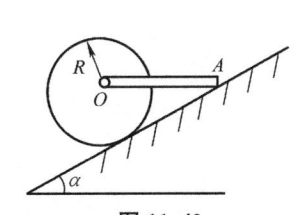

图 11-39   图 11-40

第十二章　达朗伯原理

习　题

专业＿＿＿＿＿　班级＿＿＿＿＿　学号＿＿＿＿＿　姓名＿＿＿＿＿

习题 12-1　如图 12-1 所示，一飞机以匀加速度 a 沿与水平线成仰角 β 的方向做直线运动。已知装在飞机上的单摆的悬线与铅垂线所成的偏角为 φ，摆锤的质量为 m。试求此时飞机的加速度 a 和悬线中的张力 F_T。

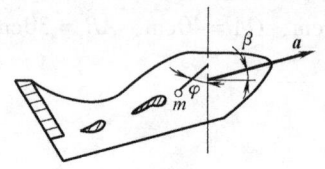

图 12-1

专业_____ 班级_____ 学号_____ 姓名_____

习题 12-2 一质量为 m 的物块 A 放在匀速转动的水平转台上，如图 12-2 所示。已知物块的重心距转轴的距离为 r，物块与台面之间的静摩擦因数为 μ_s。试求物块不致因转台旋转而滑出时水平转台的最大转速。

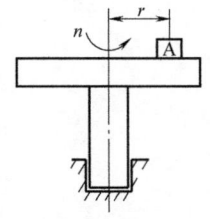

图 12-2

专业 _____ 班级 _____ 学号 _____ 姓名 _____

习题 12-3 离心调速器的主轴以匀角速度 ω 转动，如图 12-3 所示。已知滑块 C 的质量为 m，小球 A、B 的质量均为 m_1，各杆长度均为 l，杆的自重不计。试求杆 OA 和 OB 的张角 θ。

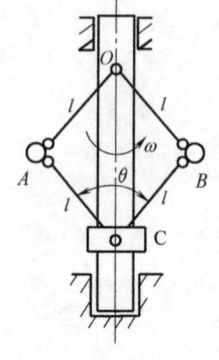

图 12-3

习题 12-4 物块 A 放在倾角为 θ 的斜面上，如图 12-4 所示。物块与斜面间的静摩擦因数为 $\mu_s = \tan\varphi_m$，如果斜面向左做匀加速运动，试问加速度的大小 a 为何值时物块 A 才不致沿斜面滑动？

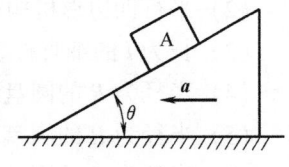

图 12-4

专业 _____ 班级 _____ 学号 _____ 姓名 _____

习题 12-5 如图 12-5 所示，试计算并在图上画出各刚体惯性力系在图示位置的简化结果。刚体可视为均质的，其质量为 m。

（1）尺寸如图 12-5a 所示的板，以加速度 a 沿固定水平面滑动；

（2）平行四边形机构中的连杆 AB，其曲柄以匀角速度 ω 转动；

（3）长为 l 的细直杆绕轴 O 以角速度 ω、角加速度 α 转动；

（4）半径为 R 的圆盘绕质心轴 C 以角速度 ω、角加速度 α 转动；

（5）半径为 R 的圆盘绕偏心轴 O 以角速度 ω、角加速度 α 转动；

（6）半径为 R 的圆柱沿水平面以角速度 ω、角加速度 α 滚动而不滑动。

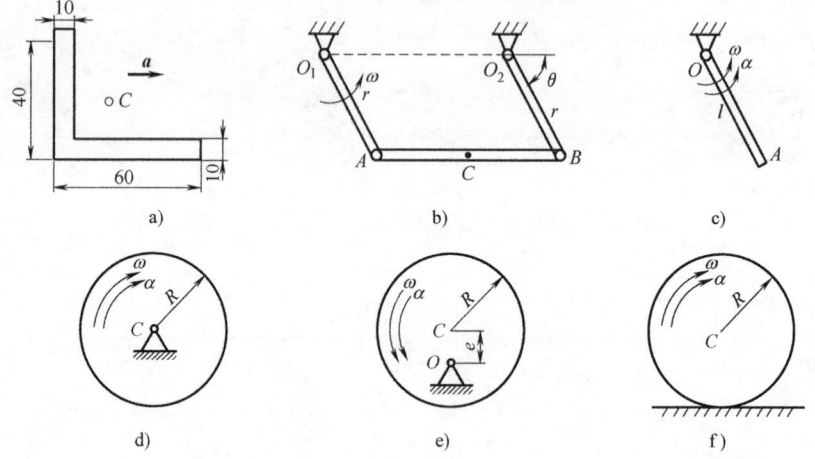

图 12-5

专业 _____　班级 _____　学号 _____　姓名 _____

习题 12-6 均质滑轮半径为 r，重为 G_2，受力偶矩为 M 的力偶作用并带动重为 G_1 的物块 A 沿光滑斜面上升，如图 12-6 所示。试求滑轮的角加速度及轴承 O 的约束力。

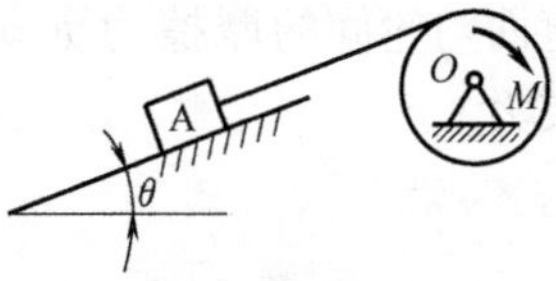

图 12-6

习题 12-7 如图 12-7 所示，沿水平直线轨道运行的矿车总重量为 G，其重心离拉力 F_T 作用线的垂直距离为 e，离轨道面的距离为 h，离两轮中心线的距离分别为 l_1、l_2，轨道面与轮间的摩擦力 $F = \mu G$，不计滚动阻碍，试求矿车的加速度及轨道面对两轮的约束力。

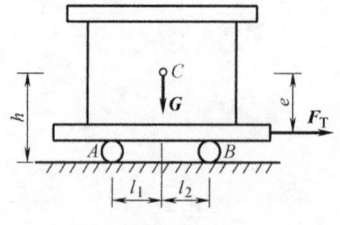

图 12-7

习题 12-8 移动式门重 $G=600\mathrm{N}$，其滑靴 A 和 B 可沿固定水平梁滑动，如图 12-8 所示。若动摩擦因数 $\mu=0.25$，门的加速度 $a=0.49\mathrm{m/s^2}$，试求水平力 F 的大小及梁在 A 和 B 处的约束力。

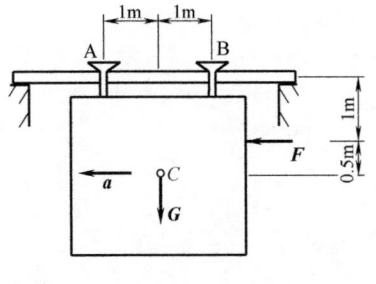

图 12-8

专业 _____ **班级** _____ **学号** _____ **姓名** _____

习题 12-9 如图 12-9 所示，重 G_1 的电动机安装在水平基础上，转子的重心偏出转轴 O 的距离为 e，设转子重 G_2，并以角速度 ω 匀速转动。试求电动机对基础的最大和最小压力。

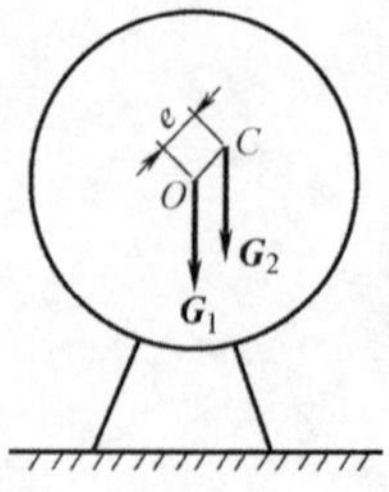

图 12-9

习题 12-10 质量为 m、长为 l 的均质杆 AB 的一端 A 焊接于半径为 r 的圆盘边缘上，如图 12-10 所示。已知圆盘以角加速度 α 绕中心 O 转动，图示位置的角速度为 ω，试求此时杆 AB 上 A 端所受的力。

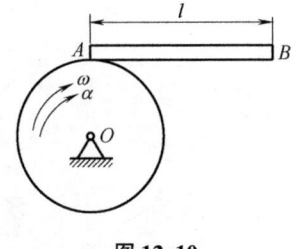

图 12-10

习题 12-11 正方形薄板 $ABED$ 的边长为 l，重量为 G，可在铅垂平面内绕铰 A 转动。在其顶点 E 系一无重细绳 EH，使 AB 边处于水平位置，如图 12-11 所示。如果将绳 EH 剪断，试求此时板的角加速度及铰 A 处的约束力。

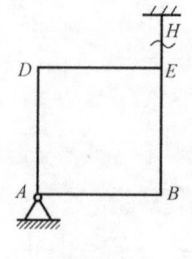

图 12-11

习题 12-12　悬臂梁 CB 的 B 端用铰链连接一滑轮，其上绕以不可伸长且不计自重的绳子，绳子悬挂重量为 G_1 的重物 A，当物 A 下落时，带动重量为 G_2、半径为 r 的滑轮转动，滑轮可视为均质圆盘，如图 12-12 所示。不计杆的自重，试求固定端 C 的约束力。

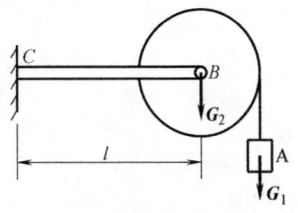

图 12-12

习题 12-13 均质杆 AB 长 $2l$，重 G，沿光滑圆弧轨道运动，在开始运动时，AB 杆的位置如图 12-13 所示。已知 $OC = l$，初速度为零，试求此时圆弧轨道对杆的约束力。

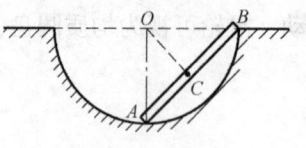

图 12-13

专业 _____ 班级 _____ 学号 _____ 姓名 _____

习题 12-14 如图 12-14 所示，质量为 $m = 50\text{kg}$ 的均质细长直杆 AB 的一端 A 置于光滑水平面上，另一端 B 由质量可以不计的绳子系在固定点 D，且 ABD 在同一铅垂平面内，当绳处于水平位置时，杆由静止开始落下。已知 $l = 2.5\text{m}$，$BD = 1\text{m}$，$h = 2\text{m}$。试求此瞬时：(1) 杆的角加速度；(2) 绳子 BD 的拉力；(3) A 点的约束力。

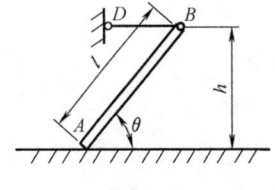

图 12-14

习题 12-15 均质滚子质量 $m=20\text{kg}$，被水平绳拉着沿水平面做纯滚动，如图 12-15 所示。绳子跨过定滑轮 B，在另一端系有质量为 $m_1=10\text{kg}$ 的重物 A。不计滑轮和绳子的质量以及水平面的滚动摩擦，试求滚子质心 C 的加速度和绳子的拉力。

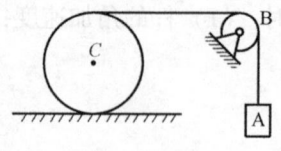

图 12-15

习题 12-16 如图 12-16 所示，重量为 G、长度为 l 的均质细长杆 AB 在光滑的水平面上从图示位置无初速地滑倒，试求开始运动时地面对杆的约束力。

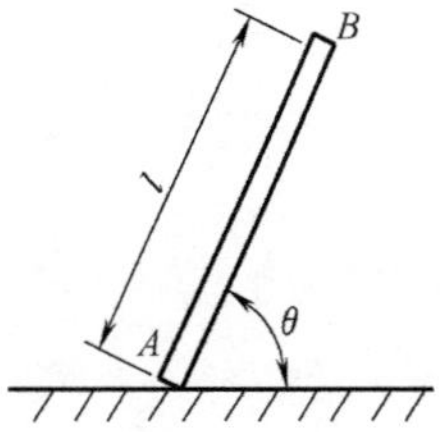

图 12-16

习题 12-17 质量为 20kg 的砂轮因安装误差，使重心偏离转轴 $e = 0.1$mm，转轴以转速 $n = 10000$r/min 做匀速转动，如图 12-17 所示。试求作用于轴承 A、B 的动约束力。

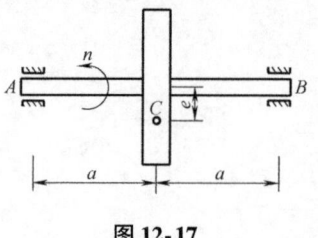

图 12-17

复习题

复习题 12-1 具有质量对称平面且在平行于此平面做平面运动的刚体,惯性力系向质心 C 简化的结果为一个主矢和一个主矩,其大小分别是_____和_____。

复习题 12-2 图 12-18 所示质量为 m 的三角板 ABC,以加速度 a 沿固定水平面滑动,则惯性力系向三角板质心简化的结果是_____。

复习题 12-3 图 12-19 所示的半径为 r 的圆盘,质量为 m,绕质心轴 O 以角速度 ω 做匀速转动,则惯性力系向 O 点简化的结果是_____。

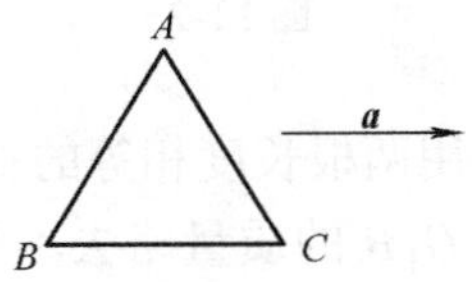

图 12-18

图 12-19

复习题 12-4 图 12-20 所示的半径为 r 的圆盘,质量为 m,绕质心轴 O 以角速度 ω、角加速度 α 转动,则惯性力系向 O 点简化的结果是_____。

复习题 12-5 若定轴转动刚体的转轴不通过质心,并以匀角速度 ω 转动,偏心距为 e,如图 12-21 所示,则惯性力系向质心 C 简化的结果是_____。

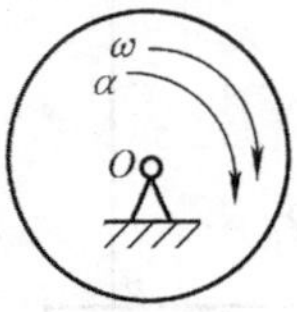

图 12-20

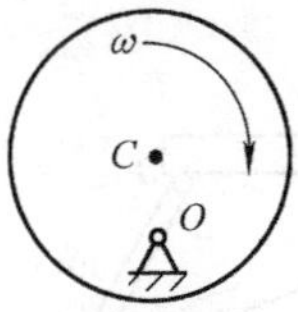

图 12-21

复习题 12-6 如图 12-22 所示,均质圆盘的质量为 m,半径为 r,在水平直线轨道上纯滚动。若圆盘中心 C 的加速度为 a_C,则圆盘的惯性力向盘上最高点 A 简化的主矢大小为____,方向_____;主矩大小为_____,转向_____。

复习题 12-7 图 12-23 所示的均质杆 OA 长为 l,质量为 m,可绕轴 O 做定轴转动。在图示瞬时,其角速度等于零,角加速度为 α。若将杆的惯性力系向点 A 简化,则主矢的大小为_____。

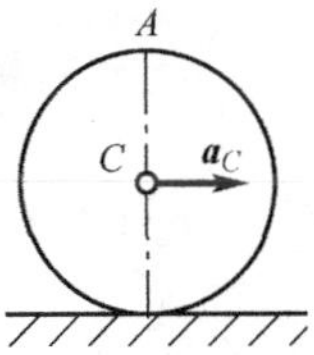

图 12-22

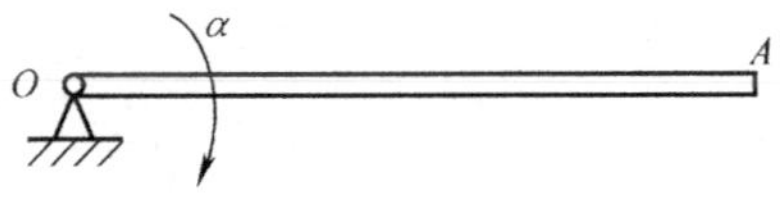

图 12-23

复习题 12-8 在图 12-24 所示的平面机构中,AC ∥ BD,且 AC = BD = d,均质杆 AB 的质量为 m,长为 l。AB 杆惯性力系简化的结果为_____,并画在图上。

复习题 12-9 如图 12-25 所示，小车以加速度 a 在光滑水平面上运动，AB 杆的质量为 m，杆长 $l=2h$，$\theta=45°$，则 D 处约束力的大小为_____。

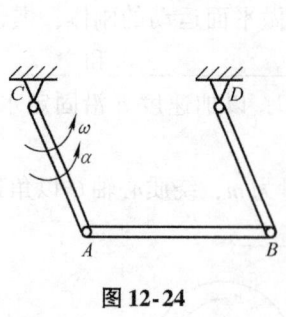

图 12-24

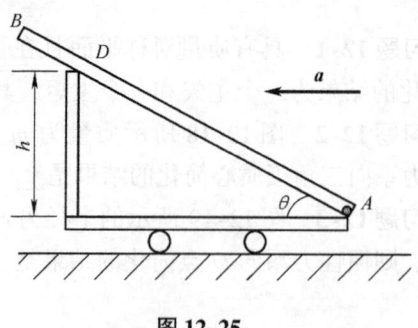

图 12-25

复习题 12-10 如图 12-26 所示，均质杆 AB 重 W，用两根长度相等的直杆 OA、O_1B 及绳 AO_1 支持在水平位置。已知 $AB=OO_1=l$，直杆 OA 和 O_1B 的质量略去不计，则切断绳子的瞬时，直杆 OA 的受力大小为_____。

复习题 12-11 如图 12-27 所示，用小车运送货物。已知货箱宽 $b=1\mathrm{m}$，高 $h=2\mathrm{m}$，可视为均质长方体。货箱与小车间的静摩擦因数 $\mu=0.35$，为了安全运送，小车的最大加速度应为_____。

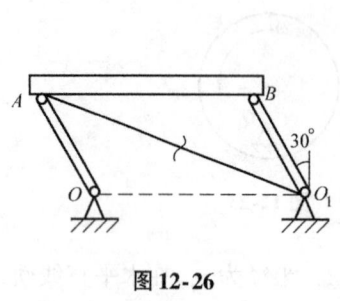

图 12-26

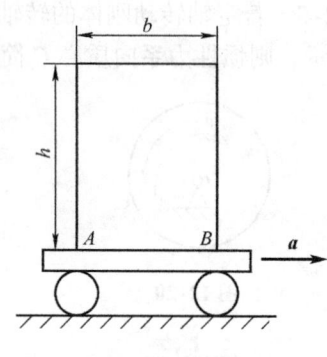

图 12-27

第十三章 虚位移原理

习 题

专业_____ 班级_____ 学号_____ 姓名_____

习题 13-1 如图 13-1 所示，在曲柄式压榨机的销钉 B 上作用水平力 F，此力位于平面 ABC 内，作用线平分 $\angle ABC$。设 $AB = BC$，$\angle ABC = 2\theta$，各处摩擦及杆重不计，试求物体所受的压力。

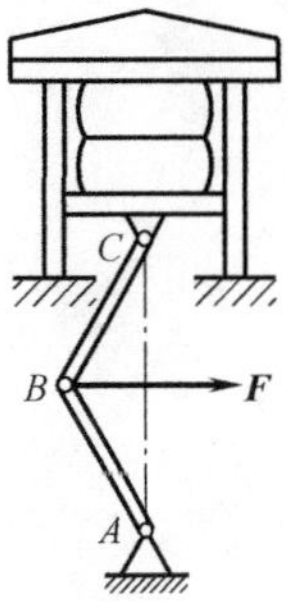

图 13-1

专业 _____ 班级 _____ 学号 _____ 姓名 _____

习题 13-2 如图 13-2 所示，在压缩机的手轮上作用一力偶，其力偶矩为 M。手轮轴的两端各有螺距同为 h 而方向相反的螺纹。螺纹上各套有一个螺母 A 和 B，这两个螺母分别与长为 l 的杆相铰接，四杆形成菱形框，如图所示，此菱形框的点 D 固定不动，而点 C 连接在压缩机的水平压板上。试求当菱形框的顶角等于 2φ 时，压缩机对被压物体的压力。

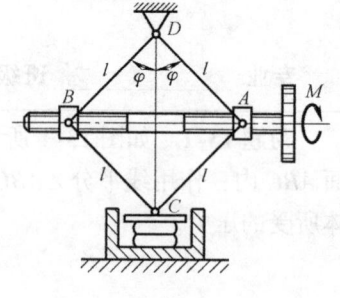

图 13-2

习题 13-3 试求图 13-3 所示各式滑轮在平衡时力 F 的值（摩擦力及绳索质量不计）。

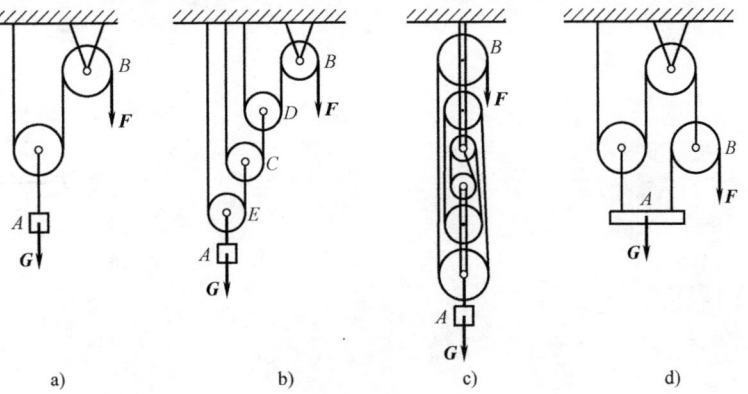

图 13-3

习题 13-4 四铰连杆组成如图 13-4 所示的菱形 $ABCD$，受力如图所示，试求平衡时 θ 的值。

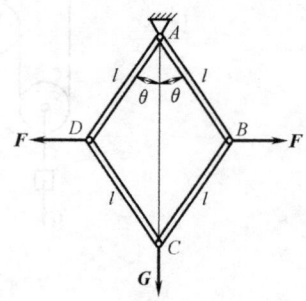

图 13-4

习题 13-5 在图 13-5 所示的机构中，曲柄 OA 上作用一力偶矩为 M 的力偶，滑块 D 上作用一水平力 F，机构尺寸如图所示。已知 $OA = a$，$CB = BD = l$，试求当机构平衡时 F 与力偶矩 M 之间的关系。

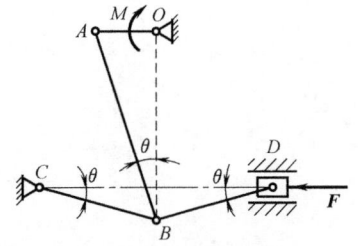

图 13-5

习题 13-6 机构如图 13-6 所示,当曲柄 OC 绕 O 轴摆动时,滑块沿曲柄滑动,从而带动杆 AB 在铅直导槽 K 内移动。已知 $OC = a$,$OK = l$,在点 C 垂直于曲柄作用一力 F_1,而在点 B 沿 BA 作用一力 F_2。试求机构平衡时 F_1 和 F_2 的关系。

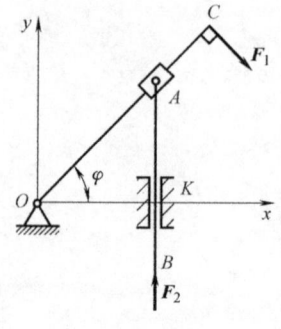

图 13-6

习题 13-7 如图 13-7 所示，重物 A 和 B 的重量分别为 G_1 和 G_2，连接在细绳的两端，分别放在倾斜面上，绳子绕过定滑轮与一动滑轮相连，动滑轮的轴上挂一重量为 G 的重物 C，如果不计摩擦，试求平衡时 G_1 和 G_2 的值。

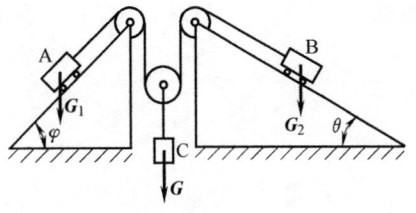

图 13-7

习题 13-8 如图 13-8 所示，重物 A 和重物 B 分别连接在细绳的两端，重物 A 放置在粗糙的水平面上，重物 B 绕过定滑轮铅垂悬挂，动滑轮 H 的轴心上挂一重物 C，设重物 A 重 $2G$，重物 B 重 G，试求平衡时，重物 C 的重量 G_1 以及重物 A 和水平面间的静摩擦因数。

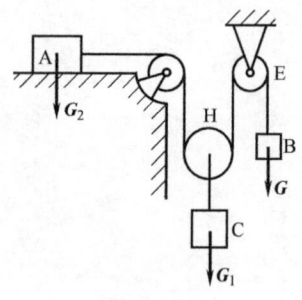

图 13-8

习题 13-9 在图 13-9 所示机构中，$OC = AC = BC = l$，已知在滑块 A，B 上分别作用有力 F_1，F_2，欲使机构在图示位置平衡，求作用在曲柄 OC 上的力偶矩 M。

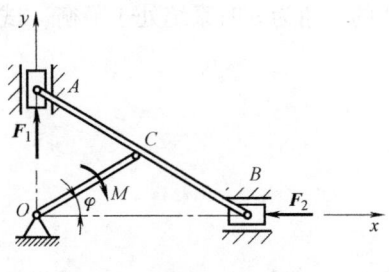

图 13-9

习题 13-10 半径为 R 的圆轮可绕固定轴 O 转动,如图 13-10 所示,杆 AB 沿径向固结在轮上,杆端 A 悬挂一重为 G 的物体,当 OA 在铅垂位置时弹簧为原长。设 AB 与铅垂线的夹角为 θ 时系统处于平衡,试求弹簧的刚度系数 k。

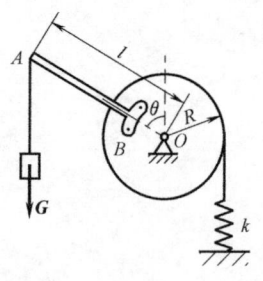

图 13-10

习题 13-11 公共汽车用于开启车门的机构如图 13-11 所示,已知 $O_1A = r$, $O_1B = b$, $O_2C = d$, $BC = c$,设所有铰链均光滑,且平稳缓慢开启,试求垂直于手柄 O_1A 的力 F 和门的阻力矩 M 之间的关系。

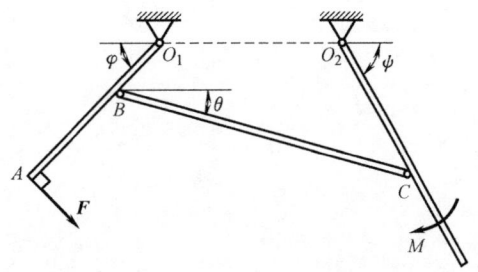

图 13-11

习题 13-12　桁架结构及所受载荷如图 13-12 所示，若已知铅垂载荷 F，试求 1、2 两杆的内力。

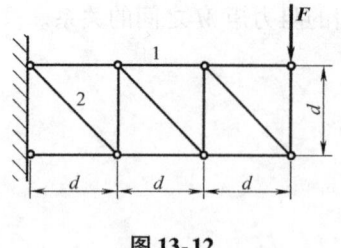

图 13-12

专业 _____ 班级 _____ 学号 _____ 姓名 _____

习题 13-13 试求图 13-13 所示组合梁的支座约束力。设图中载荷、尺寸均为已知。

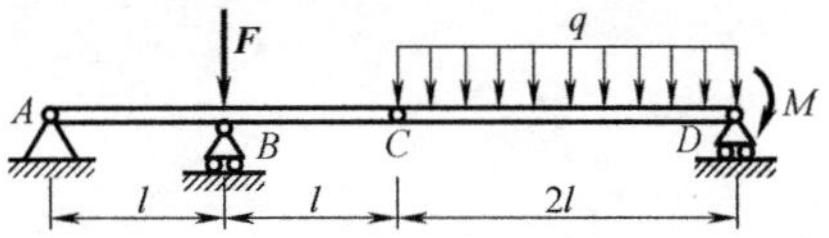

图 13-13

习题 13-14 一组合结构如图 13-14 所示，已知 $F_1=4\text{kN}$，$F_2=5\text{kN}$，求杆 1 的内力。

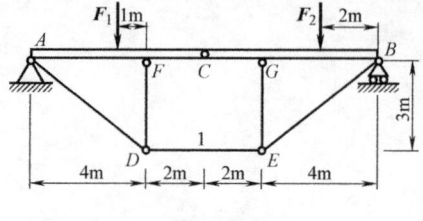

图 13-14

习题 13-15 四根杆用铰链连接组成平行四边形 $ABCD$，如图 13-15 所示，其中 AC 和 BD 用绳连接，绳中张力为 F_{AC} 和 F_{BD}，试证：

$$\frac{F_{AC}}{F_{BD}} = \frac{AC}{BD}$$

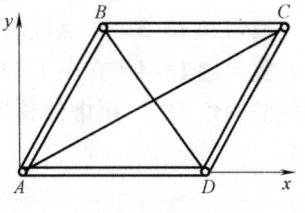

图 13-15

复习题

复习题 13-1 在某瞬时，质点系在约束允许的条件下，可能实现的任何无限小的位移称为_____。

复习题 13-2 虚位移与实位移的相同之处在于_____，不同之处在于_____。

复习题 13-3 质点或质点系所受的力在虚位移上所做的功称为_____。

复习题 13-4 在图 13-16 所示机构中，已知力偶矩 M，集中力 F，$OA = l$,，杆 OA 与水平面的倾角为 θ。用虚位移原理求得的平衡时 M 与 F 的关系为_____。（各处摩擦不考虑）

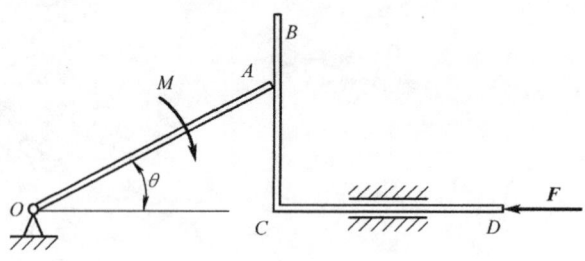

图 13-16

复习题 13-5 如图 13-17 所示的组合梁，为了用虚位移原理求解 B 处的约束力，需将 B 支座解除，代之以适当的约束力，其时 B，D 点虚位移之比值 $\delta r_B : \delta r_D =$ _____，若已知 $F = 50\text{N}$，则 B 处约束力的大小为_____。（需在图中画出方向）

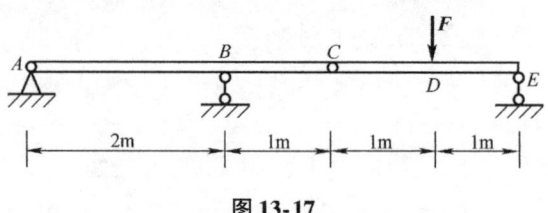

图 13-17

复习题 13-6 在图 13-18 所示的机构中，二连杆 OA、AB 各长 l，重量均不计。若用虚位移原理求解，在铅垂力 F_1 和水平力 F_2 作用下保持平衡时（不计摩擦），必要的虚位移之间的关系有_____（方向在图中画出），平衡时角 θ 的值为_____。

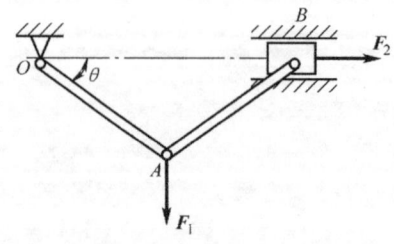

图 13-18

复习题 13-7 如图 13-19 所示的平面机构，CD 连线铅直，杆 $BC = BD$。在图示瞬时，角 $\varphi = 30°$，杆 AB 水平，则该瞬时点 A 和点 C 的虚位移大小之间的关系为_____，并在图上画出 δr_A，δr_B，δr_C。

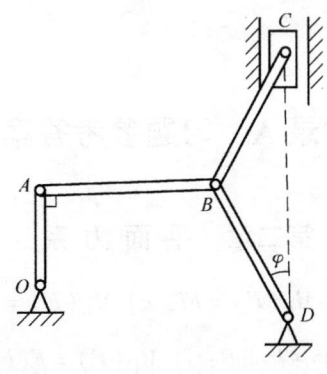

图 13-19

附 录

附录 A   习题参考答案

第二章   平面力系

习题 2-1   a) $M_O(\boldsymbol{F})=0$; b) $M_O(\boldsymbol{F})=Fl$; c) $M_O(\boldsymbol{F})=-Fb$; d) $M_O(\boldsymbol{F})=Fl\sin\alpha$;

e) $M_O(\boldsymbol{F})=F\sqrt{b^2+l^2}\sin\beta$; f) $M_O(\boldsymbol{F})=F(l+r)$

习题 2-2 $M_O=6.25\text{N}\cdot\text{m}$, $M_A=17.075\text{N}\cdot\text{m}$, $M_B=9.485\text{N}\cdot\text{m}$

习题 2-3   (1) 20.2 N·m; (2) $\theta=5.12°$; (3) $\theta=95.12°$

习题 2-4 $F'_R=466.5\text{N}$, $M_O=21.44\text{N}\cdot\text{m}$, $F_R=466.5\text{N}$, $d=45.96\text{mm}$

习题 2-5 $M_O=M_{O_1}=420\text{N}\cdot\text{m}$

习题 2-6 $F_A=F_{BC}=5\text{kN}$

习题 2-7 $F_A=6.7\text{kN}(\leftarrow)$, $F_{Bx}=6.7\text{kN}(\leftarrow)$, $F_{By}=13.5\text{kN}(\uparrow)$

习题 2-8 $F_{Ax}=-7\text{kN}$, $F_{Ay}=8.66\text{kN}$, $M_A=37.98\text{kN}\cdot\text{m}$

习题 2-9 $F_{Ax}=-4\text{kN}$, $F_{Ay}=54.62\text{kN}$, $F_B=52.31\text{kN}$

习题 2-10   a) $F_{Ax}=0$, $F_{Ay}=-1\text{kN}$, $F_B=-4\text{kN}$;

b) $F_A=3.75\text{kN}$; $F_{Bx}=0$, $F_{By}=-0.25\text{kN}$

习题 2-11 $G_2=333.3\text{kN}$, $x=6.75\text{m}$

习题 2-12   (1) $F_D=72.5\text{kN}$, $F_E=42.5\text{kN}$; (2) $G_{3\max}=56.25\text{kN}$, $(DE)_{\min}=2.5\text{m}$

习题 2-13   a) $F_A=-63.22\text{kN}$, $F_B=-88.74\text{kN}$, $F_C=30\text{kN}$;

b) $F_B=8.42\text{kN}$, $F_C=3.45\text{kN}$, $F_D=57.41\text{kN}$

习题 2-14 $F_{BC}=848.5\text{N}$, $F_{Ax}=2400\text{N}$, $F_{Ay}=1200\text{N}$

习题 2-15 $F_A=48.33\text{kN}$, $F_B=100\text{kN}$, $F_D=8.33\text{kN}$

习题 2-16   a) $F_A=-qa$, $F_B=4qa$, $F_C=qa$, $F_D=qa$;

b) $F_A=\dfrac{F}{2}+\dfrac{M}{2a}$, $F_B=\dfrac{F}{2}-\dfrac{M}{a}$, $F_C=\dfrac{M}{2a}$, $F_D=\dfrac{M}{2a}$;

c) $F_{Ax}=\dfrac{\sqrt{2}}{2}F$, $F_{Ay}=\dfrac{\sqrt{2}}{4}F$, $M_A=\dfrac{\sqrt{2}}{2}Fa+M$, $F_{Cx}=\dfrac{\sqrt{2}}{2}F$, $F_{Cy}=\dfrac{\sqrt{2}}{4}F$,

$F_D=\dfrac{\sqrt{2}}{4}F$;

d) $F_A=\dfrac{7}{4}qa$, $M_A=3qa^2$, $F_C=\dfrac{3}{4}qa$, $F_D=\dfrac{1}{4}qa$

习题 2-17 $F_1:F_2=\dfrac{\sqrt{6}}{4}$

习题 2-18 $M_2=3\text{N}\cdot\text{m}(逆时针)$, $F_{AB}=5\text{N}(拉)$

习题 2-19 $M=60\text{N}\cdot\text{m}$

习题 2-20　$M = 211.1\text{N} \cdot \text{m}$

习题 2-21　a) $F_{Ax} = -F_{Bx} = 40\text{kN}$, $F_{Ay} = F_{By} = 80\text{kN}$;
　　　　　b) $F_{Ax} = -F_{Bx} = 15\text{kN}$, $F_{Ay} = 55\text{kN}$, $F_{By} = 45\text{kN}$

习题 2-22　$F_{Ax} = 1200\text{N}$, $F_{Ay} = 150\text{N}$, $F_B = 1050\text{N}$, $F_{BC} = -1500\text{N}$

习题 2-23　$F_{Ax} = -2.25\text{kN}$, $F_{Ay} = -3\text{kN}$, $F_{Dx} = 2.25\text{kN}$, $F_{Dy} = 4\text{kN}$

习题 2-24　$F_{Ax} = 267\text{N}$, $F_{Ay} = -87.5\text{N}$, $F_B = 550\text{N}$, $F_{Cx} = 209\text{N}$, $F_{Cy} = -187.5\text{N}$

习题 2-25　$F_{Ax} = 0.619G$, $F_{Ay} = 0.809G$, $F_{Bx} = -0.619G$, $F_{By} = 0.192G$

习题 2-26　$F_{Ex} = 5\text{kN}$, $F_{Ey} = 8.66\text{kN}$

习题 2-27　$F_{Cx} = 0.375\text{kN}$, $F_{Cy} = 1.5\text{kN}$, $F_{Ex} = -1.375\text{kN}$, $F_{Ey} = -0.5\text{kN}$

习题 2-28　$F_1 = 25\text{kN}$, $F_2 = -35.4\text{kN}$, $F_3 = 10\text{kN}$, $F_4 = 25\text{kN}$, $F_5 = 7.07\text{kN}$, $F_6 = 40\text{kN}$

习题 2-29　$F_6 = -2.67\text{kN}$, $F_7 = -4.17\text{kN}$, $F_8 = 15.63\text{kN}$, $F_9 = 10\text{kN}$

习题 2-30　$F_4 = 21.83\text{kN}$, $F_6 = F_{10} = -43.66\text{kN}$, $F_7 = -20\text{kN}$

习题 2-31　$F_1 = 45\text{kN}$, $F_2 = 54.08\text{kN}$, $F_3 = 30\text{kN}$

习题 2-32　$F = 192\text{N}$

习题 2-33　$\alpha \geqslant \text{arccot}(2\mu_s)$

习题 2-34　$a < \dfrac{b}{2\mu_s}$

习题 2-35　$\mu_s = 2\tan\dfrac{\theta}{2}$

习题 2-36　$\dfrac{\sin\alpha - \mu_s\cos\alpha}{\cos\alpha + \mu_s\sin\alpha}F_2 \leqslant F_1 \leqslant \dfrac{\sin\alpha + \mu_s\cos\alpha}{\cos\alpha - \mu_s\sin\alpha}F_2$

习题 2-37　$b \leqslant 110\text{mm}$

习题 2-38　$F_1 \geqslant 1.066\text{kN}$

习题 2-39　$F_{1\min} = 31.7\text{N}$

习题 2-40　$M_{\min} = 0.212Gr$

第三章　空间力系

习题 3-1　$F_{1x} = 0$, $F_{1y} = 0$, $F_{1z} = 6\text{kN}$; $F_{2x} = -1.414\text{kN}$, $F_{2y} = 1.414\text{kN}$, $F_{2z} = 0$;
　　　　　$F_{3x} = 2.31\text{kN}$, $F_{3y} = -2.31\text{kN}$, $F_{3z} = 2.31\text{kN}$

习题 3-2　$\sum M_z = -7.12\text{N} \cdot \text{m}$

习题 3-3　$F_x = 354\text{N}$, $F_y = -354\text{N}$, $F_z = -866\text{N}$;
　　　　　$M_x(\boldsymbol{F}) = -258\text{N} \cdot \text{m}$, $M_y(\boldsymbol{F}) = 966\text{N} \cdot \text{m}$, $M_z(\boldsymbol{F}) = -500\text{N} \cdot \text{m}$

习题 3-4　$M_x(\boldsymbol{F}) = -43.3\text{N} \cdot \text{m}$, $M_y(\boldsymbol{F}) = -10\text{N} \cdot \text{m}$, $M_z(\boldsymbol{F}) = -7.5\text{N} \cdot \text{m}$

习题 3-5　$F_R' = 1076.3\text{N}$, 与 x、y、z 轴夹角分别为 $139.78°$、$121.4°$、$67.6°$;
　　　　　$M_O = 994.8\text{N} \cdot \text{m}$, 与 x、y、z 轴夹角分别为 $55.7°$、$145.7°$、$90°$

习题 3-6　$M = 0.585Fa$, 与 x、y、z 轴夹角分别为 $45°$、$90°$、$135°$

习题 3-7　$F_R' = 2\sqrt{2}F$, 与 x、y、z 轴夹角分别为 $90°$、$45°$、$45°$;
　　　　　$M_O = 2\sqrt{2}Fa$, 与 x、y、z 轴夹角分别为 $90°$、$135°$、$45°$

习题 3-8　$F_{Ox} = -5\text{kN}$, $F_{Oy} = -4\text{kN}$, $F_{Oz} = 0$;
　　　　　$M_{Ox} = 16\text{kN} \cdot \text{m}$, $M_{Oy} = -30\text{kN} \cdot \text{m}$, $M_{Oz} = 20\text{kN} \cdot \text{m}$

习题 3-9　$F_T = 1000\text{N}$，$F_{OA} = 519.6\text{N}$，$F_{OB} = 692.8\text{N}$

习题 3-10　$F_{AB} = F_{AC} = 3\text{kN}$，$F_T = 6\text{kN}$

习题 3-11　$F_{AD} = F_{BD} = -26.4\text{kN}(压力)$，$F_{CD} = 33.5\text{kN}(拉力)$

习题 3-12　$F_1 = F_2 = -5\text{kN}(受压)$，$F_3 = -7.07\text{kN}(受压)$，
　　　　　$F_4 = F_5 = 5\text{kN}(受拉)$，$F_6 = -10\text{kN}(受压)$

习题 3-13　$F_{NA} = 1237.5\text{N}$，$F_{NB} = 637.5\text{N}$，$F_{ND} = 1125\text{N}$

习题 3-14　$a = 350\text{mm}$

习题 3-15　$F_{NA} = 41.7\text{kN}$，$F_{NB} = 31.6\text{kN}$，$F_{NC} = 36.7\text{kN}$

习题 3-16　$F_{DE} = 667\text{N}$，$F_{Mx} = 133\text{N}$，$F_{Mz} = 500\text{N}$，$F_{Kx} = -667\text{N}$，$F_{Kz} = -100\text{N}$

习题 3-17　$M = 3.857\text{kN·m}$，$F_{Ax} = F_{Bx} = -2.60\text{kN}$，$F_{Az} = F_{Bz} = 14.77\text{kN}$

习题 3-18　$F_2 = 2.194\text{kN}$，$F_{Ax} = -2.005\text{kN}$，$F_{Az} = 0.376\text{kN}$，
　　　　　$F_{Bx} = -1.769\text{kN}$，$F_{Bz} = -0.152\text{kN}$

习题 3-19　$F_{T2} = 2F'_{T2} = 4\text{kN}$，$F_{Ax} = -6.375\text{kN}$，$F_{Az} = -1.299\text{kN}$，
　　　　　$F_{Bx} = -4.125\text{kN}$，$F_{Bz} = -3.897\text{kN}$

习题 3-20　$F = 0.15\text{kN}$，$F_{Ax} = F_{Bx} = 0$，$F_{Ay} = -1.25\text{kN}$，$F_{By} = -3.75\text{kN}$，$F_{Az} = 1\text{kN}$

习题 3-21　$F_1 = F_5 = -F$，$F_3 = F$，$F_2 = F_4 = F_6 = 0$

习题 3-22　$F_1 = F_2 = F_3 = \dfrac{2M}{3a}$，$F_4 = F_5 = F_6 = -\dfrac{4M}{3a}$

习题 3-23　a) $x_C = 0$，$y_C = 60.8\text{mm}$；b) $x_C = 110\text{mm}$，$y_C = 0$；
　　　　　c) $x_C = 51.2\text{mm}$，$y_C = 101.2\text{mm}$

习题 3-24　a) $x_C = 511.2\text{mm}$，$y_C = 430\text{mm}$；b) $x_C = 90.6\text{mm}$，$y_C = 35.7\text{mm}$

习题 3-25　$x_C = 1.68\text{m}(距B端)$，$y_C = 0.659\text{m}(距底边)$

第四章　点的运动学

习题 4-1　$y = e\sin\omega t + \sqrt{R^2 - e^2\cos^2\omega t}$；$v = e\omega\left(\cos\omega t + \dfrac{e\sin 2\omega t}{2\sqrt{R^2 - e^2\cos^2\omega t}}\right)$

习题 4-2　$v_M = \dfrac{v_0}{l+h}\sqrt{l^2\tan^2\theta + h^2}$，$a_M = \dfrac{lv_0^2}{(l+h)^2\cos^3\theta}$

习题 4-3　$v = 279\text{mm/s}$，$a = 169\text{mm/s}^2$

习题 4-4　$v = u\sqrt{(\omega t)^2 + 1}$，$a = u\omega\sqrt{(\omega t)^2 + 4}$

习题 4-5　(1) $s = 16\text{m}$；(2) $a = 2.83\text{m/s}^2$

习题 4-6　(1) 自然法：$s = 2R\omega t$；$v = 2R\omega$；$a_\tau = 0$；$a_n = 4R\omega^2$
　　　　　(2) 直角坐标法：$x = R + R\cos(2\omega t)$，$y = R\sin(2\omega t)$；
　　　　　　　　　　$v_x = -2R\omega\sin(2\omega t)$，$v_y = 2R\omega\cos(2\omega t)$；
　　　　　　　　　　$a_x = -4R\omega^2\cos(2\omega t)$，$a_y = -4R\omega^2\sin(2\omega t)$；

习题 4-7　$v_C = 2\sqrt{gR}$，$a_C = 4g$；$v_D = 1.848\sqrt{gR}$，$a_D = 3.487g$

习题 4-8　$a = 3.05\text{m/s}^2$。

习题 4-9　$\rho = 5\text{m}$，$a_\tau = 8.66\text{m/s}^2$

习题 4-10　$s = \dfrac{\omega t}{2\pi}\sqrt{4\pi^2 R^2 + h^2}$，$v = \dfrac{\omega}{2\pi}\sqrt{4\pi^2 R^2 + h^2}$，$a = R\omega^2$，$\rho = R + \dfrac{h^2}{4\pi^2 R}$

习题 4-11 $y = 2x + 4\,(-2 < x < 2)$；$s = 4.472\sin\left(\dfrac{\pi}{3}t\right)$；$v = 4.683\cos\left(\dfrac{\pi}{3}t\right)$；
$a_\tau = -4.904\sin\left(\dfrac{\pi}{3}t\right)$

习题 4-12 $y^2 - 2y - 4x = 0$，$v = \sqrt{4t^2 - 4t + 5}$，$a = 2\text{m/s}^2$，
$a_\tau = 0.894\text{m/s}^2$，$a_n = 1.79\text{m/s}^2$，$\rho = 2.8\text{m}$

第五章 刚体的基本运动

习题 5-1 $v_C = v_D = 0.5\text{m/s}$，$a_C^n = a_D^n = 2.5\text{m/s}^2$，$a_C^\tau = a_D^\tau = 0.2\text{m/s}^2$

习题 5-2 $x_{O1} = 0.2\cos(4t)\,(\text{m})$，$v = 0.4\text{m/s}$，$a = 2.77\text{m/s}^2$

习题 5-3 $\omega_2 = 0$，$\alpha_2 = -\dfrac{bl\omega^2}{r_2}$

习题 5-4 $t = \dfrac{1}{\sqrt{bc}}\arctan\left(\sqrt{\dfrac{c}{b}}\omega_0\right)$

习题 5-5 $t = 0$ 时，$v = 2\text{m/s}$，$a = 8\text{m/s}^2$；$t = 1\text{s}$ 时，$v = 2.5\text{m/s}$，$a = 15.4\text{m/s}^2$

习题 5-6 $\varphi = 1.396t^3$，$\omega = 16.76\text{rad/s}$

习题 5-7 $\varphi = 2\arccos\left(1 - \dfrac{ut}{2l}\right)$

习题 5-8 $\alpha = 38.4\text{rad/s}^2$

习题 5-9 $\omega_{OA} = \dfrac{v_0}{\sqrt{l^2 - v_0^2 t^2}}$，$\alpha_{OA} = \dfrac{v_0^3 t}{\sqrt{(l^2 - v_0^2 t^2)^3}}$，$v_A = \dfrac{lv_0}{\sqrt{l^2 - v_0^2 t^2}}$

习题 5-10 $\omega = \dfrac{v}{2l}$，$\alpha = -\dfrac{v^2}{2l^2}$

习题 5-11 $\omega = 1\text{rad/s}$，$\alpha = 1.73\text{rad/s}^2$，$a_B = 1300\text{mm/s}^2$

习题 5-12 $a_C = 1.39\text{m/s}^2$，$\omega_A = 4.5\text{rad/s}$，$\alpha_A = 1.69\text{rad/s}^2$

习题 5-13 $v = 1.68\text{m/s}$，$a_{AB} = a_{CD} = 0$，$a_{AD} = 32.9\text{m/s}^2$，$a_{BC} = 13.2\text{m/s}^2$

习题 5-14 $\alpha_2 = \dfrac{5000\pi}{d^2}\text{rad/s}^2$，$a = 592.2\text{m/s}^2$

习题 5-15 $\omega_2 = \dfrac{r_1}{r_2}\omega_1$，$\alpha_2 = \dfrac{\omega_1^2 \delta}{2\pi r_2}\left(1 + \dfrac{r_1^2}{r_2^2}\right)$

第六章 点的合成运动

习题 6-1 $y' = A\cos\left(\dfrac{\omega}{v_e}x' + \theta\right)$

习题 6-2 $(x')^2 + \left(y' + \dfrac{b}{2}\right)^2 = \dfrac{b^2}{4}$

习题 6-3 $L = 200\text{m}$，$v_r = 0.33\text{m/s}$，$v = 0.2\text{m/s}$

习题 6-4 $v_M = 993.2\text{mm/s}$

习题 6-5 $v_r = 3.98\text{m/s}$；$v_B = 1.04\text{m/s}$ 时，v_r 与传送带 B 垂直

习题 6-6 $v_a = 3.06\text{m/s}$

习题 6-7 $\omega = 1\text{rad/s}$，$v_r = 1.732\text{m/s}$

习题 6-8 $v_C = l\omega$

习题 6-9 $v_a = \sqrt{3}R\omega$, $v_r = 3R\omega$

习题 6-10 $v_C = \dfrac{R\omega}{2}$

习题 6-11 $v_r = 316.2\text{mm/s}$

习题 6-12 $v_M = 0.53\text{m/s}$

习题 6-13 $v_e = 4.23\text{m/s}$, $v_r = 3.45\text{m/s}$, $a_r = 108.38\text{m/s}^2$

习题 6-14 $v_A = e(3+10t)\cos\varphi$, $a_A = 10e\cos\varphi - e(3+10t)^2\sin\varphi$

习题 6-15 $v_a = 566.4\text{mm/s}$, $a_a = 981.4\text{mm/s}^2$

习题 6-16 $v = 0.17\text{m/s}$, $a = 0.05\text{m/s}^2$

习题 6-17 $v_r = 0.052\text{m/s}$, $a_r = 0.0053\text{m/s}^2$, $\omega = 0.175\text{rad/s}$, $\alpha = 0.035\text{rad/s}^2$

习题 6-18 $v_a = 1.131\text{m/s}$, $a_a = 2.53\text{m/s}^2$

习题 6-19 $\omega = \dfrac{3u}{4l}$, $\alpha = \dfrac{3\sqrt{3}u^2}{8l^2}$

习题 6-20 $\omega_{DE} = \dfrac{\sqrt{3}}{2}\omega$, $\alpha_{DE} = \dfrac{1}{2}\omega^2(\sqrt{3}-1)$

习题 6-21 $\omega_2 = 1\text{rad/s}$, $\alpha_2 = 3.4\text{rad/s}^2$, $a_r = 483\text{mm/s}^2$

习题 6-22 $v_{AB} = \dfrac{2\sqrt{3}e\omega}{3}$, $a_{AB} = \dfrac{2e\omega^2}{9}$

习题 6-23 $\omega_1 = \dfrac{\omega}{2}$, $\alpha_1 = \dfrac{\sqrt{3}}{12}\omega^2$

习题 6-24 $a_M = 3816\text{mm/s}^2$

习题 6-25 $a_M = 355.5\text{mm/s}^2$

习题 6-26 $a_M = \sqrt{(b+v_r t)^2\omega^4 + 4\omega^2 v_r^2 \sin\theta}$

习题 6-27 $v_{BC} = 1.15l\omega_0$, $a_{BC} = 0.667l\omega_0^2$

习题 6-28 $v_{CD} = 325\text{mm/s}$, $a_{CD} = 657\text{mm/s}^2$

第七章 刚体的平面运动

习题 7-1 $x_D = r\cos(\omega_0 t)$, $y_D = r\sin(\omega_0 t)$, $\varphi = \omega_0 t$

习题 7-2 $x_A = \dfrac{1}{3}gt^2$, $y_A = 0$, $\varphi = \dfrac{g}{3R}t^2$

习题 7-3 $\omega = \dfrac{v\sin^2\theta}{R\cos\theta}$

习题 7-4 $\omega = \dfrac{v_1 - v_2}{2r}$, $v_O = \dfrac{v_1 + v_2}{2}$

习题 7-5 $v_E = 0.306\text{m/s}$

习题 7-6 $\omega_{AB} = 1.41\text{rad/s}$, $\omega_{BD} = 3.77\text{rad/s}$

习题 7-7 $v_{BD} = 2.51\text{m/s}$

习题 7-8 $v_A = 1.5\text{m/s}$, $\omega_{AB} = 4.33\text{rad/s}$

习题 7-9 $\omega_{ABD} = 1.07\text{rad/s}$, $v_D = 0.254\text{m/s}$

习题 7-10 $\omega_{OB}=3.75\text{rad/s}$，$\omega_1=6\text{rad/s}$

习题 7-11 $\omega_{OD}=10\sqrt{3}\text{rad/s}$，$\omega_{DE}=\dfrac{10}{3}\sqrt{3}\text{rad/s}$

习题 7-12 $\omega_{EF}=1.333\text{rad/s}$，$v_F=0.462\text{m/s}$

习题 7-13 $a_A=\dfrac{Rv_D^2}{(R-r)r}$，$a_B^\tau=2a_D^\tau$，$a_B^n=\dfrac{R-2r}{(R-r)r}v_D^2$

习题 7-14 $v_O=\dfrac{R}{R-r}v$，$a_O=\dfrac{R}{R-r}a$

习题 7-15 $v_M=0.0978\text{m/s}$，$a_M=0.0127\text{m/s}^2$

习题 7-16 $v_D=1.058\text{m/s}$，a_D 有两个解：$a_D=2.88\text{m/s}^2$；$a_D=4\text{m/s}^2$

习题 7-17 $\omega_{AB}=2\text{rad/s}$，$\alpha_{AB}=8\text{rad/s}^2$；$\omega_{O_1B}=4\text{rad/s}$，$\alpha_{O_1B}=16\text{rad/s}^2$

习题 7-18 $v_D=l\omega_O$，$a_D=2.08l\omega_O^2$

习题 7-19 $a_n=2r\omega_O^2$，$a_\tau=r(\sqrt{3}\omega_O^2-2\alpha_O)$

习题 7-20 $\alpha=3.75\text{rad/s}^2$

习题 7-21 $\omega_B=40\text{rad/s}$，$\alpha_B=26.7\text{rad/s}^2$

习题 7-22 $\omega_{O_1A}=0.2\text{rad/s}$，$\alpha_{O_1A}=0.046\text{rad/s}^2$

习题 7-23 $v_{rD}=1.16l\omega_O$，$a_{rD}=2.22l\omega_O^2$

习题 7-24   (1) $\omega_B=\omega$，$\alpha_B=\dfrac{2\sqrt{3}}{9}\omega^2$；(2) $\omega_{O_1D}=\dfrac{\omega}{4}$，$\alpha_{O_1D}=\dfrac{\sqrt{3}}{8}\omega^2$

习题 7-25 $\omega_{O_1E}=6.186\text{rad/s}$，$\alpha_{O_1E}=78.17\text{rad/s}^2$

习题 7-26 $v_{DE}=\dfrac{0.2\sqrt{3}}{3}\text{m/s}$，$a_{DE}=\dfrac{2}{3}\text{m/s}^2$

习题 7-27 $a_B=689\text{mm/s}^2$

习题 7-28 $\omega_{BD}=0.075\text{rad/s}$，$\alpha_{BD}=0.1364\text{rad/s}^2$

习题 7-29 $\omega=\dfrac{3v}{4R}$，$\alpha=\dfrac{5\sqrt{3}v^2}{8R^2}$

习题 7-30 $v_B=180.3\text{mm/s}$，与 AB 连线的夹角为 $\theta=16.1°$，
                $a_B=313.2\text{mm/s}^2$，与 AB 连线的夹角为 $\theta_1=56°$

习题 7-31 $v_{DF}=\dfrac{\sqrt{3}(v_O+l\omega_O)}{6}$

习题 7-32   (1) $v_{r1}=0.6\text{m/s}$，$a_{r1}=2.82\text{m/s}^2$，$v_{r2}=0.9\text{m/s}$，$a_{r2}=4.59\text{m/s}^2$；
                (2) $v_M=0.456\text{m/s}$，$a_M=2.5\text{m/s}^2$

第八章   质点动力学

习题 8-1 $F_{T1}=1676\text{N}$，$F_{T2}=1956\text{N}$

习题 8-2 $\mu\geqslant\dfrac{a\cos\theta}{a\sin\theta+g}$

习题 8-3 $F_1=2363\text{N}$；$F_2=0$

习题 8-4 $F_{N\max}=714\text{N}$；$F_{N\min}=462\text{N}$

习题 8-5 $\omega=14\text{rad/s}$

习题 8-6 $F_{AM} = \dfrac{ml}{2bg}(b\omega^2 + g)$, $F_{BM} = \dfrac{ml}{2bg}(b\omega^2 - g)$

习题 8-7 $h = 136\text{mm}$

习题 8-8 $n = 18\text{r/min}$

习题 8-9 $t = 2.02\text{s}$; $s = 6.94\text{m}$

习题 8-10 $v = \sqrt{\dfrac{gR^2}{R+h}}$; $T = 2\pi\sqrt{\dfrac{R}{g}\left(1 + \dfrac{h}{R}\right)^3}$

习题 8-11 $h = \dfrac{v_0\sin\theta}{gk} - \dfrac{1}{gk^2}\ln(1 + kv_0\sin\theta)$; $s = \dfrac{v_0^2\sin 2\theta}{2g(1 + kv_0\sin\theta)}$

第九章 动量定理

习题 9-1 a) $p = mv_0$; b) $p = me\omega$（方向与 C 点速度方向相同）; c) $p = 0$;

d) $p = \dfrac{ml\omega}{2}$（方向与 C 点速度方向相同）

习题 9-2 $p = 0.5l(5m_1 + 4m_2)\omega$（方向与曲柄垂直且向上）

习题 9-3 $F = 1068\text{N}$

习题 9-4 $v = 0.687\text{m/s}$

习题 9-5 $\Delta v = 0.246\text{m/s}$

习题 9-6 $a = \dfrac{m_2 b - \mu(m_1 + m_2)g}{m_1 + m_2}$

习题 9-7 $F_{Ox} = m_3\dfrac{R}{r}a\cos\theta + m_3 g\cos\theta\sin\theta$

$F_{Oy} = (m_1 + m_2 + m_3)g - m_3 g\cos^2\theta + m_3\dfrac{R}{r}a\sin\theta - m_2 a$

习题 9-8 $\ddot{x} + \dfrac{k}{m + m_1}x = \dfrac{m_1 l\omega^2}{m + m_1}\sin\varphi$

习题 9-9 $F_{Ox} = m(l\omega^2\cos\varphi + l\alpha\sin\varphi)$, $F_{Oy} = mg + m(l\omega^2\sin\varphi - l\alpha\cos\varphi)$

习题 9-10 （1）$x_C = \dfrac{m_3 l}{2(m_1 + m_2 + m_3)} + \dfrac{m_1 + 2m_2 + 2m_3}{2(m_1 + m_2 + m_3)}l\cos\omega t$,

$y_C = \dfrac{m_1 + 2m_2}{2(m_1 + m_2 + m_3)}l\sin\omega t$;

（2）$F_{x\max} = \dfrac{1}{2}(m_1 + 2m_2 + 2m_3)l\omega^2$

习题 9-11 向左移动 0.266m

习题 9-12 椭圆 $4x^2 + y^2 = l^2$

习题 9-13 向左移动 $\dfrac{l_1 - l_2}{4}$

习题 9-14 $a = \dfrac{\sin\theta\cos\theta}{\sin^2\theta + 3}g$, $F = \dfrac{12m_B g}{\sin^2\theta + 3}$

第十章 动量矩定理

习题 10-1 $L_O = 2mab\omega\cos^3\omega t$

习题 10-2 (1) $L = 2ml^2\omega\sin^2\theta$; (2) $L = \dfrac{8ml^2\omega\sin^2\theta}{3}$

习题 10-3 a) $L_O = \dfrac{1}{3}ml^2\omega$; b) $L_O = -\dfrac{1}{9}ml^2\omega$; c) $L_O = \dfrac{5}{24}ml^2\omega$; d) $L_O = \dfrac{3}{2}mR^2\omega$

习题 10-4 $J_x = \dfrac{mh^2}{6}$

习题 10-5 $J = \dfrac{1}{2}ml^2$

习题 10-6 a) $L_O = \dfrac{7-9\pi}{6\pi}mR^2\omega$; b) $L_O = \dfrac{51\pi - 1024}{96}ma^2\omega$

习题 10-7 (1) $L_B = -[J_A - me^2 + m(R+e)^2]v_A/R$;
(2) $L_B = -[(J_A + mRe)\omega + m(R+e)v_A]$

习题 10-8 $L_O = \dfrac{5ml^2\omega}{3}$

习题 10-9 $t = \dfrac{l}{k}\ln 2$

习题 10-10 $\omega = \dfrac{ml(1-\cos\varphi)v_0}{J + m(l^2 + r^2 + 2lr\cos\varphi)}$

习题 10-11 $\alpha = \dfrac{(m_1 r_1 - m_2 r_2)g}{m_1 r_1^2 + m_2 r_2^2 + J_O}$

习题 10-12 $J_O = 1060 \text{kg} \cdot \text{m}^2$, $M_f = 6.024 \text{N} \cdot \text{m}$

习题 10-13 $t = \dfrac{J}{k}\ln 2$; $n = \dfrac{J\omega_0}{4\pi k}$

习题 10-14 $F_{Ox} = 0$; $F_{Oy} = 449\text{N}$

习题 10-15 $F = 269.3\text{N}$

习题 10-16 $\alpha_1 = \dfrac{2(MR_2 - M'R_1)}{(m_1 + m_2)R_1^2 R_2}$

习题 10-17 $a = \dfrac{(Mi - mgR)R}{mR^2 + J_1 i^2 + J_2}$

习题 10-18 (1) $a_C = \dfrac{2}{3}g\sin\theta$; (2) $\mu_{s\min} = \dfrac{1}{3}\tan\theta$

习题 10-19 $a_A = \dfrac{m_1 g(R+r)^2}{m_1(R+r)^2 + m_2(\rho^2 + R^2)}$

习题 10-20 $t = \dfrac{v_0 - r\omega_0}{3\mu g}$, $v = \dfrac{2v_0 + r\omega_0}{3}$

习题 10-21 $F_A = \dfrac{2}{5}mg$

习题 10-22 (1) $F_{\max} = 216\text{N}$; (2) $a = 2.02 \text{m/s}^2$

习题 10-23 $a_A = \dfrac{3lb}{4l^2 + b^2}g$

习题 10-24 $a_{Cx} = \dfrac{l^2\sin\theta\cos\theta}{l^2 + 12d^2}g$, $a_{Cy} = -\dfrac{12d^2 + l^2\cos^2\theta}{l^2 + 12d^2}g$, $F_D = \dfrac{mgl^2\sin\theta}{l^2 + 12d^2}$

第十一章 动 能 定 理

习题 11-1 $W = -\dfrac{1}{2}ks^2$

习题 11-2 $W = \dfrac{4\pi}{3}(6\pi a + 16\pi^2 b - 3\mu mgr)$

习题 11-3 $E_k = \dfrac{mgl^2\omega^2\sin^2\theta}{6g}$

习题 11-4 $E_k = \dfrac{1}{2}m_1v^2 + \dfrac{1}{2}m_2(v^2 + u^2 - \sqrt{3}vu)$

习题 11-5 $E_k = \dfrac{1}{2}m_1v_A^2 + \dfrac{1}{2}m_2(v_A^2 + \dfrac{1}{3}l^2\omega^2 + l\omega v_A\cos\varphi)$

习题 11-6 $\alpha = \dfrac{M}{(3m_1 + 4m_2)l^2}$

习题 11-7 $\omega = \dfrac{2}{r}\sqrt{\dfrac{3(\pi M - 2Fr)}{m_1 + 3m_2}}$

习题 11-8 $v = \sqrt{\dfrac{4m_3gh}{3m_1 + m_2 + 2m_3}}$; $a = \dfrac{2m_3g}{3m_1 + m_2 + 2m_3}$

习题 11-9 $v = \sqrt{\dfrac{2s(M - m_1r\sin\theta)}{r(m_1 + m_2)}}$

习题 11-10 $a_{AB} = \dfrac{m_1g\tan^2\theta}{m_1\tan^2\theta + m_2}$, $a_C = \dfrac{m_1g\tan\theta}{m_1\tan^2\theta + m_2}$

习题 11-11 $a_A = \dfrac{3m_1g}{9m_2 + 4m_1}$

习题 11-12 $h = \dfrac{3v_0^2(7m_2 + 10m_1)}{4g[m_1(1 - 2\mu) + m_2]}$

习题 11-13 (1) $\delta_{\max} = 50\text{mm}$; (2) $\omega = 15.5\text{rad/s}$

习题 11-14 $v_0 = h\sqrt{\dfrac{2k}{15m}}$

习题 11-15 $v_A = \sqrt{3\left[\dfrac{M\theta}{m} - gl(1 - \cos\theta)\right]}$

习题 11-16 $P = 2160t^5 - 120t^3 + 2960t$

习题 11-17 $P_{\max} = 6.75\text{kW}$

习题 11-18 $P = 32.2\text{kW}$

习题 11-19 $\omega = 5.72\text{rad/s}$; $F_{Ax} = 0$, $F_{Ay} = 36.75\text{N}$

习题 11-20 $v_B = 6.408\text{m/s}$; $a_B = 2.054\text{m/s}^2$; $F_{AB} = 2.72\text{N}$(拉力)

习题 11-21 $v_A = \dfrac{2}{3}\sqrt{3gh}$, $a_A = \dfrac{2}{3}g$, $F_T = \dfrac{1}{3}mg$

习题 11-22 (1) $v_C = 2\sqrt{\dfrac{2}{5}gh}$, $a_B = \dfrac{4}{5}g$, $F_T = \dfrac{1}{5}mg$; (2) $M > 2mgR$

习题 11-23 (1) $\omega = \sqrt{\dfrac{3g}{l}(\sin\varphi_0 - \sin\varphi)}$; $\alpha = \dfrac{3g}{2l}\cos\varphi$; (2) $\varphi_1 = \arcsin\left(\dfrac{2}{3}\sin\varphi_0\right)$

习题 11-24　$v_B = \sqrt{gl}$；$F_T = 0.846mg$，$F_N = 0.6537mg$

习题 11-25　$\omega = 5.34\mathrm{rad/s}$；$\alpha = 36.75\mathrm{rad/s^2}$；$F_{Ox} = 87.23\mathrm{N}$，$F_{Oy} = 112.5\mathrm{N}$

习题 11-26　$\omega = \sqrt{\dfrac{6M\varphi}{(m_1 + 3m_2\sin^2\varphi)l^2}}$

$\alpha = 3M\dfrac{m_1 + 3m_2\sin^2\varphi - 3m_2\varphi\sin2\varphi}{(m_1 + 3m_2\sin^2\varphi)l^2}$

$F = \dfrac{3M - m_1l^2\alpha}{3l\sin\varphi}$

习题 11-27　(1) $F_T = 246.36\mathrm{N}$；(2) $a = 3.585\mathrm{m/s^2}$

习题 11-28　$a_B = \dfrac{m_1g\sin2\theta}{2(m_2 + m_1\sin^2\theta)}$

习题 11-29　$F_x = \dfrac{m_1\sin\theta - m_2}{m_1 + m_2}m_1g\cos\theta$

习题 11-30　$F = 9.8\mathrm{N}$

习题 11-31　$\omega = \sqrt{\dfrac{(3m_1 + 6m_2)g\sin\theta}{(m_1 + 3m_2)l}}$；$\alpha = \dfrac{(3m_1 + 6m_2)g\cos\theta}{(m_1 + 3m_2)2l}$

习题 11-32　$a = \dfrac{m_2\sin2\theta}{3m_1 + m_2 + 2m_2\sin^2\theta}g$

第十二章　达朗伯原理

习题 12-1　$a = \dfrac{g\sin\varphi}{\cos(\varphi + \beta)}$，$F_T = \dfrac{mg\cos\beta}{\cos(\varphi + \beta)}$

习题 12-2　$n_{\max} = \dfrac{30}{\pi}\sqrt{\dfrac{\mu_s g}{r}}$

习题 12-3　$\theta = \arccos\dfrac{(m + m_1)g}{m_1 l\omega^2}$

习题 12-4　$g\tan(\theta - \varphi_m) \leqslant a \leqslant g\tan(\theta + \varphi_m)$

习题 12-6　$\alpha = \dfrac{2g(M - G_1 r\sin\theta)}{r^2(2G_1 + G_2)}$；

$F_{Ox} = \dfrac{2G_1(M - G_1 r\sin\theta)\cos\theta}{r(2G_1 + G_2)} + G_1\sin\theta\cos\theta$，

$F_{Oy} = \dfrac{2G_1(M - G_1 r\sin\theta)\sin\theta}{r(2G_1 + G_2)} + G_1\sin^2\theta + G_2$

习题 12-7　$\alpha = \left(\dfrac{F_T}{G} - \mu\right)g$，$F_{NA} = \dfrac{(l_2 - \mu h)G + F_T e}{l_1 + l_2}$，$F_{NB} = \dfrac{(l_1 + \mu h)G - F_T e}{l_1 + l_2}$

习题 12-8　$F = 180\mathrm{N}$，$F_{NA} = 232.5\mathrm{N}$，$F_{NB} = 367.5\mathrm{N}$

习题 12-9　$F_{N\max} = G_1 + G_2 + \dfrac{G_2}{g}e\omega^2$，$F_{N\min} = G_1 + G_2 - \dfrac{G_2}{g}e\omega^2$

习题 12-10　$F_{Ax} = mr\alpha - \dfrac{m}{2}L\omega^2(\rightarrow)$，$F_{Ay} = mg - \dfrac{m}{2}l\alpha - mr\omega^2(\uparrow)$；

$M_A = \dfrac{m}{2}gl - \dfrac{m}{2}lr\omega^2 - \dfrac{m}{3}l^2\alpha(\text{逆时针})$

习题 12-11　$\alpha = \dfrac{3g}{4l}$，$F_{Ax} = \dfrac{3}{8}G(\rightarrow)$，$F_{Ay} = \dfrac{5}{8}G(\uparrow)$

习题 12-12　$F_{Cx} = 0$，$F_{Cy} = \dfrac{G_2(3G_1 + G_2)}{2G_1 + G_2}$，$M_C = \dfrac{G_2 l(3G_1 + G_2)}{2G_1 + G_2}$

习题 12-13　$F_{NA} = \dfrac{5}{8}G$，$F_{NB} = \dfrac{3}{8}G$

习题 12-14　(1) $\alpha = 3.528 \text{rad/s}^2$；(2) $F_T = 176.4\text{N}$；(3) $F_{NA} = 357.7\text{N}$

习题 12-15　$a_C = 2.8 \text{m/s}^2$，$F_T = 42\text{N}$

习题 12-16　$F_{NA} = \dfrac{G}{1 + 3\cos^2\theta}$

习题 12-17　$F_{NA}^d = F_{NB}^d = 1097\text{N}$

第十三章　虚位移原理

习题 13-1　$F_N = \dfrac{F}{2}\tan\theta$

习题 13-2　$F_N = \dfrac{\pi M}{h}\cot\varphi$

习题 13-3　a) $F = \dfrac{G}{2}$；b) $F = \dfrac{G}{8}$；c) $F = \dfrac{G}{6}$；d) $F = \dfrac{G}{5}$

习题 13-4　$\tan\theta = \dfrac{F}{G}$

习题 13-5　$M = Fa\tan 2\theta$

习题 13-6　$F_1 = F_2 \dfrac{l}{a}\sec^2\varphi$

习题 13-7　$G_1 = \dfrac{G}{2\sin\varphi}$，$G_2 = \dfrac{G}{2\sin\theta}$

习题 13-8　$G_1 = 2G$，$\mu \geq \dfrac{1}{2}$

习题 13-9　$M = 2l(F_1\cos\varphi + F_2\sin\varphi)$

习题 13-10　$k = \dfrac{Gl}{R^2\theta}\sin\theta$

习题 13-11　$M = \dfrac{Frd\sin(\psi - \theta)}{b\sin(\varphi + \theta)}$

习题 13-12　$F_1 = F$，$F_2 = \sqrt{2}F$

习题 13-13　$F_A = \dfrac{M}{2l} - ql$，$F_B = F + 2ql - \dfrac{M}{l}$，$F_D = ql + \dfrac{M}{2l}$

习题 13-14　$F_1 = \dfrac{11}{3}\text{kN}$

附录 B　复习题参考答案

第一章　静力学基本概念和物体的受力分析

复习题 1-1　运动效应（或外效应）；变形效应（或内效应）；运动效应（或外效应）

复习题 1-2　物体的受力分析、力学的简化、建立各种力系的平衡条件

复习题 1-3　大小相等、方向相反、作用于同一直线上

复习题 1-4　只受两个力作用而平衡的构件

复习题 1-5　大小、方向、作用线

复习题 1-6　汇交点

复习题 1-7　相等；相反；不同物体上

复习题 1-8　约束

复习题 1-9　柔索和光滑接触面；固定铰支座、可动铰支座和链杆约束

复习题 1-10　解除约束原理

第二章　平面力系

复习题 2-1　相等；不相等

复习题 2-2　$-F_1\cos\alpha$，$F_1\sin\alpha$；$F_2\cos\beta$，$F_2\sin\beta$

复习题 2-3　不会

复习题 2-4　大小相等；方向相反；作用线平行

复习题 2-5　(1)力偶矩的大小；(2) 力偶在作用平面内的转向

复习题 2-6　恒等于零

复习题 2-7　恒等于力偶矩

复习题 2-8　力偶系中各力偶矩的代数和等于零

复习题 2-9　不能；不能

复习题 2-10　力偶矩

复习题 2-11　原来的力对新的作用点之矩

复习题 2-12　一个力，一个力偶；一个力，一个力偶

复习题 2-13　$\sum F$，简化中心；$\sum M_O(F)$

复习题 2-14　无关；有关

复习题 2-15　一个力，也可能是平衡

复习题 2-16　315.0N

复习题 2-17　20kN，过点 (14, 0)

复习题 2-18　三；三

复习题 2-19　A，B，C 三点不共线

复习题 2-20　两；两

复习题 2-21　一；一

复习题 2-22　两；两

复习题 2-23　$F_A = 2\text{kN}(\uparrow)$；$F_{Bx} = -2\text{kN}(\leftarrow)$，$F_{By} = 0$

复习题 2-24　$F_{Ax} = -5\text{kN}(\leftarrow)$，$F_{Ay} = -1.75\text{kN}(\downarrow)$；$F_B = 5.75\text{kN}(\uparrow)$

复习题 2-25　$F_{Ax} = 0$，$F_{Ay} = 17\text{kN}(\uparrow)$，$M_A = 33\text{kN}\cdot\text{m}$（逆时针）

复习题 2-26　在工程实际中，主要是为了提高结构的刚度和坚固性，常常增加多余的约束

复习题 2-27　在解题时，可以取每个构件为研究对象，也可以取不同构件的组合为研究对象，因此取研究对象的数目大于构件的数目，列出的方程数目也多，

在列出的这些方程中，有一些方程可由其他方程组合而成，不是独立的平衡方程，对解题无帮助

复习题 2-28　a)，d)；b)，c)

复习题 2-29　$F_{Ax} = 0, F_{Ay} = -40\text{kN}$；$F_B = 100\text{kN}$；$F_D = 20\text{kN}$；$F_{Cx} = 0, F_{Cy} = 20\text{kN}$

复习题 2-30　$F_{Ax} = 30\text{kN}(\rightarrow), F_{Ay} = 90\text{kN}(\uparrow)$；$F_{Bx} = 30\text{kN}(\rightarrow), F_{By} = 30\text{kN}(\uparrow)$

复习题 2-31　$F_{Ax} = 480\text{kN}(\rightarrow), F_{Ay} = 300\text{kN}(\uparrow)$；$F_{Bx} = -480\text{kN}(\leftarrow), F_{By} = 300\text{kN}(\uparrow)$

复习题 2-32　0，0，15kN

复习题 2-33　0；$-F$；0

复习题 2-34　1，5，6

复习题 2-35　$0 \leqslant F \leqslant \mu F_N$

复习题 2-36　切线；运动趋势（方向）

复习题 2-37　摩擦角

复习题 2-38　自锁

第三章　空间力系

复习题 3-1　$-\dfrac{2}{3}F, \dfrac{1}{3}F, \dfrac{2}{3}F$；$\boldsymbol{F} = -\dfrac{2}{3}F\boldsymbol{i} + \dfrac{1}{3}F\boldsymbol{j} + \dfrac{2}{3}F\boldsymbol{k}$

复习题 3-2　$\dfrac{\sqrt{2}}{2}F_1 a, 0, -\dfrac{\sqrt{2}}{2}F_1 a, F_1 a$；$\dfrac{\sqrt{3}}{3}F_2 a, -\dfrac{\sqrt{3}}{3}F_2 a, 0, \dfrac{\sqrt{6}}{3}F_2 a$

复习题 3-3　$M_O = \boldsymbol{r} \times \boldsymbol{F}$，定位

复习题 3-4　$\boldsymbol{M}_O(\boldsymbol{F}) = (-23\boldsymbol{i} - 16\boldsymbol{j} + \boldsymbol{k})\text{N} \cdot \text{m}$

复习题 3-5　$-23\text{N} \cdot \text{m}$；$-16\text{N} \cdot \text{m}$；$1\text{N} \cdot \text{m}$

复习题 3-6　力偶矩的大小、力偶的转向、力偶作用面的方位

复习题 3-7　滑动、定位、自由

复习题 3-8　各分力对同一点之矩的矢量和；各分力对同一轴之矩的代数和

复习题 3-9　原力对于指定点的力矩矢

复习题 3-10　力偶矩矢相等

复习题 3-11　三；三；三；六

复习题 3-12　$F_1 = \dfrac{W}{2}, F_2 = 0, F_3 = \dfrac{W}{2}$

复习题 3-13　0，53.6mm

复习题 3-14　$x_C = 1.8, y_C = 0$

第四章　点的运动学

复习题 4-1　绝对的；相对的；参考体；参考系

复习题 4-2　$\boldsymbol{r} = \boldsymbol{r}(t)$；$\boldsymbol{v} = \dfrac{\text{d}\boldsymbol{r}}{\text{d}t}$；$\boldsymbol{a} = \dfrac{\text{d}\boldsymbol{v}}{\text{d}t} = \dfrac{\text{d}^2 \boldsymbol{r}}{\text{d}t^2}$

复习题 4-3　$x = f_1(t), y = f_2(t), z = f_3(t)$；$v_x = \dot{x}, v_y = \dot{y}, v_z = \dot{z}$；$a_x = \ddot{x}, a_y = \ddot{y}, a_z = \ddot{z}$

复习题 4-4 $s=f(t)$; $v=\dot{s}$; $a_\tau=\ddot{s}$, $a_n=\dfrac{v^2}{\rho}$

复习题 4-5 23cm

复习题 4-6 不能确定

复习题 4-7 矢端曲线；速度大小变化；速度方向变化

复习题 4-8 6m/s；9.85m/s²

复习题 4-9 匀速

复习题 4-10 $k\sqrt{1+\dfrac{k^2t^4}{R^2}}$

复习题 4-11 $4\boldsymbol{i}+4\boldsymbol{j}$

复习题 4-12 8m/s

复习题 4-13 越来越小

复习题 4-14 匀速曲线运动

复习题 4-15 $a\cos\alpha$, $\dfrac{v^2}{a\sin\alpha}$

复习题 4-16 半径为3m的圆周

复习题 4-17 （1）$\boldsymbol{v}=\dfrac{d\boldsymbol{r}}{dt}=(4t\boldsymbol{i}+3\boldsymbol{j})$m/s、$\boldsymbol{a}=\dfrac{d\boldsymbol{v}}{dt}=4\boldsymbol{i}$m/s²；（2）$v=\sqrt{16t^2+9}$m/s、$a_\tau=\dfrac{dv}{dt}=\dfrac{16t}{\sqrt{16t^2+9}}$m/s²，$a_n=\dfrac{12}{\sqrt{16t^2+9}}$m/s²；（3）$\rho=\dfrac{v^2}{a_n}=\dfrac{(16t^2+9)^{\frac{3}{2}}}{12}$m

复习题 4-18 垂直

第五章 刚体的基本运动

复习题 5-1 平动

复习题 5-2 相同；相同

复习题 5-3 40cm/s；80cm/s²

复习题 5-4 不变

复习题 5-5 $v=\sqrt{Ra_A\cos\alpha}$

复习题 5-6 $a_A=r_1\sqrt{\alpha^2+\omega^4}$

复习题 5-7 3rad/s；$9\sqrt{3}$rad/s²

复习题 5-8 $\Delta\theta=\omega_0 t+\dfrac{1}{2}\alpha t^2$

复习题 5-9 圆；$v_C=v_A=\dfrac{\pi Rn}{30}$，$a_C=a_A=\dfrac{\pi^2 Rn^2}{900}$

复习题 5-10 （1）20.9rad/s，314rad/s，41.9rad/s²；（2）8.38m/s²，19700m/s²，19700m/s²

复习题 5-11 $\omega_2=\dfrac{\omega_1}{i}$

复习题 5-12 A；$r\omega_1^2$

第六章 点的合成运动

复习题 6-1 绝对运动；相对运动；牵连运动

复习题 6-2 牵连速度

复习题 6-3 牵连速度

复习题 6-4 牵连

复习题 6-5 相对加速度

复习题 6-6 相对

复习题 6-7 科氏加速度

复习题 6-8 牵连运动

复习题 6-9 相对速度

复习题 6-10 $2d\omega_0$；$\sqrt{2}d\omega_0$

复习题 6-11 $\omega_{BC} = \dfrac{1}{2}\omega_0$

复习题 6-12 $v_a = \sqrt{3}R\omega$ ($\leftarrow$)

复习题 6-13 相对加速度

复习题 6-14 $2\omega v_r$

复习题 6-15 $a_a = \omega\sqrt{4v_r^2 + 4v_r\omega b + 2\omega^2 b^2}$，$\tan\theta = \dfrac{\omega b}{\omega b + 2v_r}$

复习题 6-16 0

复习题 6-17 0

复习题 6-18 $a\omega^2$

复习题 6-19 $\sqrt{2}R\omega^2$；0；$2v_r\omega$

复习题 6-20 $2l\alpha + 4l\omega^2$

第七章 刚体的平面运动

复习题 7-1 平面运动

复习题 7-2 基点的平动；基点的转动

复习题 7-3 定轴转动；平面运动；直线平动；瞬时平动

复习题 7-4 基点法；速度投影法；速度瞬心法

复习题 7-5 零

复习题 7-6 零

复习题 7-7 投影

复习题 7-8 速度为零的点；定轴转动；不为零

复习题 7-9 零；瞬时平动

复习题 7-10 $0°$ 或 $180°$

复习题 7-11 $v_C = v_A$，方向与 v_A 一致

复习题 7-12 $\omega_{AB} = 1.414 \text{rad/s}$；$\omega_{BD} = 3.77 \text{rad/s}$

复习题 7-13 $\dfrac{v_A}{2}$，沿 AB 方向

复习题 7-14 $\omega_B = \dfrac{\omega_0}{4}$；$v_D = \dfrac{l\omega_0}{4}$

复习题 7-15 $\omega_{BC} = 8\,\text{rad/s}$；$v_C = 1.87\,\text{m/s}$

复习题 7-16 $\dfrac{v^2}{R}$；沿 BO

复习题 7-17 $\dfrac{r^2}{R+r}\omega^2$

复习题 7-18 $a_A = 40\,\text{m/s}^2$；$\alpha_A = 200\,\text{rad/s}^2$；$\alpha_{AB} = 43.3\,\text{rad/s}^2$

第八章　质点动力学

复习题 8-1   力

复习题 8-2   惯性参考系

复习题 8-3 $(24\boldsymbol{i} + 12\boldsymbol{j})\,\text{N}$

复习题 8-4 $0.5\,\text{rad}$

复习题 8-5 $m\ddot{\boldsymbol{r}} = \sum \boldsymbol{F}$；$m\ddot{x} = \sum F_x$，$m\ddot{x} = \sum F_x$，$m\ddot{x} = \sum F_x$；$m\ddot{s} = \sum F_\tau$，$\dfrac{v^2}{\rho} = \sum F_n$，$\sum F_b = 0$

复习题 8-6 $119.6\,\text{N}$

复习题 8-7 $3.15\,\text{m}$，$2.7\,\text{m/s}$

复习题 8-8   不一定相同；相同

复习题 8-9 $F_N = (m_A + m_B)g - m_A x_0 \sin\omega t$

复习题 8-10 $a \geqslant \dfrac{g}{\mu}$

第九章　动量定理

复习题 9-1   矢；质量与速度的乘积；与速度的方向相同；质点上

复习题 9-2   矢；力与时间的乘积；与力的方向相同；质点上

复习题 9-3 $\dfrac{1}{2}ml\omega$

复习题 9-4 $ma\omega$

复习题 9-5 $m(R+a)\omega$

复习题 9-6 $mR\omega$

复习题 9-7 $0.4\,\text{Ns}$

复习题 9-8 $6.93\,\text{Ns}$

复习题 9-9 $F_{Ox} = 0$，$F_{Oy} = (m_A + m_B + m_D + m_E)g + \dfrac{1}{2}(m_A - 2m_B + m_D)a$

复习题 9-10   两盘质心运动相同

复习题 9-11   零

复习题 9-12   减小

复习题 9-13   质心运动守恒定律

复习题 9-14   作用于质点上的外力合力为零

复习题 9-15   外力；冲量

复习题9-16 $x_C = \frac{\sum m_i x_1}{\sum m_i}$, $y_C = \frac{\sum m_i y_1}{\sum m_i}$, $z_C = \frac{\sum m_i z_1}{\sum m_i}$；重合

第十章 动量矩定理

复习题10-1 惯性半径的平方

复习题10-2 $\frac{17}{12}ml^2$

复习题10-3 $\frac{W}{2g}(r^2 + 2e^2)\omega$

复习题10-4 $-\frac{\sqrt{2}}{2}mbv$

复习题10-5 $-\frac{3}{2}mrv$

复习题10-6 $\frac{5}{6}ml^2\omega$

复习题10-7 $\frac{29}{2}\pi\rho r^4$

复习题10-8 （a）$\frac{9}{2}\omega m R^2$；（b）$5\omega m R^2$；（4）$4\omega m R^2$

复习题10-9 对点的动量矩在某轴上的投影等于对某轴的动量矩

复习题10-10 O 点为固定点

复习题10-11 $F = \frac{W\mu R}{e}$

复习题10-12 $\frac{3g}{2l}$

第十一章 动能定理

复习题11-1 $4mr\omega$；$\frac{7}{2}mr^2\omega^2$

复习题11-2 $\frac{3}{4}mv_C^2$

复习题11-3 $\frac{2}{3}ml^2\omega^2$

复习题11-4 $\frac{1}{12}(9m_1 + 2m_2)l^2\dot{\varphi}^2$

复习题11-5 $\frac{3}{16}mv_B^2$

复习题11-6 $\frac{7}{6}mr^2\omega^2$

复习题11-7 刚体转过的角度

复习题11-8 $2\pi M$

复习题11-9 -12.5 J

复习题11-10 零

复习题11-11 外力所做的功

复习题 11-12 理想约束

复习题 11-13 $\dfrac{4m_2}{m_1+2m_2}\dfrac{g}{r}$

复习题 11-14 $\dfrac{\sqrt{4gs(W_1+W_2)\sin\alpha}}{3W_1+2W_2}$

第十二章 达朗伯原理

复习题 12-1 $\boldsymbol{F}_{\text{IR}}=-m\boldsymbol{a}_C$；$M_{\text{IC}}=-J_C\alpha$

复习题 12-2 $\boldsymbol{F}_{\text{IR}}=-m\boldsymbol{a}$

复习题 12-3 $\boldsymbol{F}_{\text{IR}}=0$，$M_{\text{IO}}=0$

复习题 12-4 $\boldsymbol{F}_{\text{IR}}=0$，$M_{\text{IO}}=-\dfrac{1}{2}mr^2\alpha$

复习题 12-5 $F_{\text{IR}}=-me\omega^2$，$M_{\text{IO}}=0$

复习题 12-6 $F_{\text{IR}}=ma_C$，水平向左；$M_{\text{IO}}=\dfrac{1}{2}mra_C$，为逆时针

复习题 12-7 $ml\alpha$

复习题 12-8 $F_{\text{IR}}^{\tau}=ml\alpha$，$F_{\text{IR}}^{\text{n}}=ml\omega^2$

复习题 12-9 $\dfrac{m}{2}(g-a)$

复习题 12-10 $\dfrac{\sqrt{3}}{4}W$

复习题 12-11 $0.35g$

第十三章 虚位移原理

复习题 13-1 虚位移或可能位移

复习题 13-2 约束允许的可能位移；实位移在某一时刻是确定的唯一的，而虚位移有无数种可能

复习题 13-3 虚功

复习题 13-4 $M=Fl\sin\theta$

复习题 13-5 $4:3$；37.5N

复习题 13-6 $\delta r_B=2\delta r_A\sin\theta$；$\theta=\arctan\dfrac{F_1}{2F_2}$

复习题 13-7 $\delta r_A=\dfrac{\sqrt{3}}{2}\delta r_C$

参 考 文 献

[1] 朱炳麒. 理论力学.[M]. 2版. 北京：机械工业出版社，2014.
[2] 秦容，赵邦义. 理论力学概念题集［M］. 重庆：重庆大学出版社，1994.
[3] 支希哲. 理论力学常见题型解析及模拟题［M］. 西安：西北工业大学出版社，1997.
[4] 唐晓雯，石萍. 理论力学基本训练［M］. 北京：科学出版社，2004.
[5] 柳祖亭. 理论力学解题指导及习题［M］. 北京：机械工业出版社，2000.
[6] 韦林. 理论力学习题精选精解［M］. 上海：同济大学出版社，2003.
[7] 佘斌. 工程力学［M］. 北京：机械工业出版社，2011.
[8] 佘斌. 材料力学习题册［M］. 杭州：浙江大学出版社，2015.